Marie Lebigre

Prévalence en Campylobacter des carcasses de porcs à l'abattoir

AF204997

Marie Lebigre

Prévalence en Campylobacter des carcasses de porcs à l'abattoir

Campylobacter dans la filière porcine

Presses Académiques Francophones

Impressum / Mentions légales
Bibliografische Information der Deutschen Nationalbibliothek: Die Deutsche Nationalbibliothek verzeichnet diese Publikation in der Deutschen Nationalbibliografie; detaillierte bibliografische Daten sind im Internet über http://dnb.d-nb.de abrufbar.
Alle in diesem Buch genannten Marken und Produktnamen unterliegen warenzeichen-, marken- oder patentrechtlichem Schutz bzw. sind Warenzeichen oder eingetragene Warenzeichen der jeweiligen Inhaber. Die Wiedergabe von Marken, Produktnamen, Gebrauchsnamen, Handelsnamen, Warenbezeichnungen u.s.w. in diesem Werk berechtigt auch ohne besondere Kennzeichnung nicht zu der Annahme, dass solche Namen im Sinne der Warenzeichen- und Markenschutzgesetzgebung als frei zu betrachten wären und daher von jedermann benutzt werden dürften.

Information bibliographique publiée par la Deutsche Nationalbibliothek: La Deutsche Nationalbibliothek inscrit cette publication à la Deutsche Nationalbibliographie; des données bibliographiques détaillées sont disponibles sur internet à l'adresse http://dnb.d-nb.de.
Toutes marques et noms de produits mentionnés dans ce livre demeurent sous la protection des marques, des marques déposées et des brevets, et sont des marques ou des marques déposées de leurs détenteurs respectifs. L'utilisation des marques, noms de produits, noms communs, noms commerciaux, descriptions de produits, etc, même sans qu'ils soient mentionnés de façon particulière dans ce livre ne signifie en aucune façon que ces noms peuvent être utilisés sans restriction à l'égard de la législation pour la protection des marques et des marques déposées et pourraient donc être utilisés par quiconque.

Coverbild / Photo de couverture: www.ingimage.com

Verlag / Editeur:
Presses Académiques Francophones
ist ein Imprint der / est une marque déposée de
AV Akademikerverlag GmbH & Co. KG
Heinrich-Böcking-Str. 6-8, 66121 Saarbrücken, Deutschland / Allemagne
Email: info@presses-academiques.com

Herstellung: siehe letzte Seite /
Impression: voir la dernière page
ISBN: 978-3-8416-2233-4

Copyright / Droit d'auteur © 2013 AV Akademikerverlag GmbH & Co. KG
Alle Rechte vorbehalten. / Tous droits réservés. Saarbrücken 2013

ECOLE NATIONALE VETERINAIRE DE NANTES

- Année 2004 -

Confidentiel jusque fin décembre 2007

Prévalence et niveau de contamination en *Campylobacter* thermotolérants des porcs et de leur carcasse à l'abattoir

THESE

Pour le diplôme d'Etat

de

DOCTEUR VETERINAIRE

Présentée et soutenue publiquement

le 7 décembre 2004

devant

la Faculté de Médecine de Nantes

par

Marie LEBIGRE

Née le 1° août 1980 à Villeneuve-sur-Lot (Lot-et-Garonne)

JURY

Président : M. DRUGEON, Professeur de Bactériologie à la Faculté de Médecine de Nantes

Membres : Mme MAGRAS, Maître de conférences en Hygiène et Qualité des Aliments à l'Ecole Nationale Vétérinaire de Nantes
Mme BELLOC, Maître de conférences en Médecine des Animaux d'Elevage à l'Ecole Nationale Vétérinaire de Nantes

Invité : M. Laroche, Chargé de recherche, UMR-INRA 1014 SECALIM, Ecole Nationale Vétérinaire de Nantes

CORPS ENSEIGNANT DE L'E.N.V.N.
Directeur : Pierre SAI (Pr)

DEPARTEMENT DE BIOLOGIE ET PHARMACOLOGIE		
BIOCHIMIE	Brigitte SILIART (Pr)	Bruno LE BIZEC (MC)
	François ANDRE (Pr)	
NUTRITION – ALIMENTATION	Patrick NGUYEN (Pr)	Lucile MARTIN (MC)
	Henri DUMON (Pr)	
PHARMACOLOGIE et TOXICOLOGIE	Marc GOGNY (Pr)	Jean-Dominique PUYT (Pr)
	Louis PINAULT (Pr)	Jean-Claude DESFONTIS (MC)
	Martine KAMMERER (Pr)	Hervé POULIQUEN (MC)
PHYSIOLOGIE FONCTIONNELLE, CELLULAIRE et MOLECULAIRE	Lionel MARTIGNAT (MC)	Jean-Marie BACH (MC)
		Vanessa LOUZIER (MCC)
DEPARTEMENT DE PATHOLOGIE GENERALE		
ANATOMIE PATHOLOGIQUE	Monique WYERS (Pr)	Frédérique NGUYEN (AERC)
	Yan CHEREL (Pr)	Jérôme ABADIE (MC)
		Marie-Anne COLLE (MCC)
PATHOLOGIE GENERALE-MICROBIOLOGIE et IMMUNOLOGIE	Jean-Marc PERSON (Pr)	Hervé SEBBAG (MC)
	Jean-Louis PELLERIN (Pr)	Stéphane BIRKLE (MCC)
AQUACULTURE, PATHOLOGIE AQUACOLE et STATISTIQUES	Hervé LE BRIS (Pr)	Guillaume BLANC (MC)
	Chantal THORIN (PCEA)	
UNITE DE LANGUES	Marc BRIDOU (Pr)	Joe Mc GUIRE (lecteur)
DEPARTEMENT DE SANTE DES ANIMAUX D'ELEVAGE ET SANTE PUBLIQUE		
HYGIENE ET QUALITE DES ALIMENTS	Catherine MAGRAS-RESCH (MC)	Michel FEDERIGHI (Pr)
	Jean-Michel CAPPELIER (MC)	Marie-France PILET (MC)
	Eric DROMIGNY (MC)	
MEDECINE DES ANIMAUX D'ELEVAGE	Arlette LAVAL (Pr)	Isabelle BREYTON (MC)
	Catherine BELLOC (MC)	Alain DOUART (MC)
		Sébastien ASSIE (AERC)
PARASITOLOGIE GENERALE, PARASITOLOGIE DES ANIMAUX DE RENTE, FAUVE SAUVAGE	Monique L'HOSTIS (Pr)	Albert AGOULON (MC)
		Alain CHAUVIN (Pr)
PATHOLOGIE INFECTIEUSE	Jean-Pierre GANIERE (Pr)	Nathalie RUVOEN-CLOUET (MC)
	Geneviève ANDRE-FONTAINE (Pr)	
ZOOTECHNIE, ECONOMIE	Henri SEEGERS (Pr)	François BEAUDEAU (MC)
	Jean-Claude LEBOSSE (Pr)	Christine FOURICHON (MC)
	Xavier MALHER (Pr)	Raphaël GUATTEO (AERC)
	Nathalie BAREILLE (MC)	
DEPARTEMENT DE SCIENCES CLINIQUES		
ANATOMIE DES ANIMAUX DOMESTIQUES	Patrick COSTIOU (Pr)	Claire DOUART (MC)
	Eric BETTI (MC)	Claude GUINTARD (MC)
PATHOLOGIE CHIRURGICALE	Eric AGUADO (MC)	Eric GOYENVALLE (MC)
	Béatrice LIJOUR (MC)	Olivier GAUTHIER (MC)
IMAGERIE MEDICALE	Laurent MARESCAUX (MC)	Delphine HOLOPHERNE (AERC)
		Marion FUSELLIER (AERC)
DERMATOLOGIE, PARASITOLOGIE CARNIVORES, EQUIDES, MYCOLOGIE	Patrick BOURDEAU (Pr)	Catherine IBISCH (MC)
	Alain MARCHAND (Pr)	
MEDECINE INTERNE ET LEGISLATION PROFESSIONNELLE	Yves LEGEAY (Pr)	Jack-Yves DESCHAMPS (MC)
	Dominique FANUEL (Pr)	Odile SENECAT (MC)
	Anne COUROUCE-MALBLANC (MCC)	
BIOTECHNOLOGIES ET PATHOLOGIE DE LA REPRODUCTION	Daniel TAINTURIER (Pr)	Jean-François BRUYAS (Pr)
	Francis FIENI (Pr)	Isabelle BARRIER-BATTUT (MC)

Pr : Professeur, PrC : Professeur Contractuel, MC : Maître de Conférences
Contractuel, AERC : Assistant d'enseignement et de recherches, PI : Professeur Lycée Enseignement Agricole,
PCEA : Professeur certifié enseignement agricole.

Mise à jour le 24/06/03

2

Remerciements

A Monsieur DRUGEON,
Professeur à la Faculté de Médecine de Nantes,
qui nous a fait l'honneur d'accepter la présidence de notre jury

Remerciements respectueux

A Madame MAGRAS,
Maître de conférences en Hygiène et Qualité des Aliments à l'Ecole Nationale Vétérinaire de Nantes,
pour sa gentillesse et son soutien au cours de l'élaboration de cette thèse,

Qu'elle trouve ici le témoignage de ma vive reconnaissance

A Madame BELLOC,
Maître de conférences en Médecine des Animaux d'Elevage à l'Ecole Nationale Vétérinaire de Nantes,
qui a accepté de siéger à notre jury de thèse,

Sincères remerciements

A Michel Laroche,
Chargé de recherche du service d'Hygiène et Qualité des Aliments à l'Ecole Nationale Vétérinaire de Nantes,

Pour sa bonne humeur de chaque jour, sa compétence, et son inaltérable gentillesse
et pour avoir accepté d'être membre invité de notre jury de thèse

A Monsieur Federighi,
Directeur de l'Unité Mixte de Recherche INRA/ENVN d'hygiène alimentaire,
Professeur en Hygiène et Qualité des Aliments à l'Ecole Nationale Vétérinaire de Nantes,

Pour son accueil

3

A Florence Jugiau,
Du service d'Hygiène et Qualité des Aliments à l'Ecole Nationale Vétérinaire de Nantes,

Pour son aide lors des analyses

A tous ceux qui se sont levés tôt pour m'aider à effectuer les prélèvements :
Catherine Magras, Michel Laroche, Cédric Bailly, Nathalie Garrec, Albert Rossero, Marie-France Pilet, Michel Federighi, Jérôme Kaiser, Margarida Ribeiro Da Silva

Merci encore

A Clémentine Mircovich,
de l'Institut Technique du Porc,

Pour son aimable collaboration tout au long de ce travail

A tous les membres de l'unité Hygiène et Qualité des Aliments de l'Ecole Nationale Vétérinaire de Nantes,

Pour leur accueil

Aux responsables des cinq abattoirs,

Qui m'ont permis de réaliser cette étude

4

TABLE DES MATIERES

LISTE DES FIGURES

9

LISTE DES TABLEAUX

LISTE DES ABREVIATIONS UTILISEES

ADN : Acide DésoxyriboNucléique

AFLP : Amplified Fragment Length Polymorphism

AFSSA : Agence Française de Sécurité Sanitaire des Aliments

AQS : Aliment Qualité Sécurité

ARN : Acide RiboNucléique

ARNr : Acide RiboNucléique Ribosomal

C. : *Campylobacter*

DGAL : Direction Générale de l'Alimentation

FAO : Food and Agriculture Organization

OMS : Organisation Mondiale de la Santé

PCR : Polymerase Chain Reaction

RFLP : Restriction Fragment Length Polymorphism

spp. : species

TIAC : Toxi-Infection Alimentaire Collective

TVM : Teneur en Viande Maigre

VNC : Viable Non Cultivable

INTRODUCTION

Dans le domaine de l'hygiène alimentaire, *Campylobacter* thermotolérant est un danger émergent dont l'importance grandit au fil des années. La fréquence et l'augmentation des cas de campylobactérioses, l'existence de complications rares mais graves, et l'inquiétante augmentation des résistances de *Campylobacter spp.* aux fluoroquinolones, expliquent le regain d'intérêt général porté à ce genre bactérien.

Paradoxalement, l'épidémiologie des *Campylobacter* thermotolérants reste à l'heure actuelle mal connue. On sait qu'ils sont présents chez beaucoup d'espèces animales et dans l'environnement, notamment l'eau, mais la connaissance de la contribution relative de chacune de ces sources potentielles de contamination pour l'Homme souffre de grandes lacunes. Ainsi, les *Campylobacter* thermotolérants ont été et sont encore largement étudiés dans la filière avicole, mais peu dans la filière porcine, alors que la viande de porc est la première viande consommée et produite en France. De plus, les produits de charcuterie à risque, car consommés crus ou peu cuits, sont de plus en plus prisés.

Il est donc important aujourd'hui de définir un statut de dangerosité des produits carnés d'origine porcine.

Notre étude s'insère dans une étude plus globale d'appréciation quantitative du risque *Campylobacter* thermotolérant dans la filière porcine française, avec l'établissement des statuts de dangerosité (prévalence, localisation, et niveau de contamination) et des risques liés aux *Campylobacter* thermotolérants à différents niveaux de la filière porcine, de l'élevage aux produits de découpe. Dans cette appréciation, l'étape de l'abattage des porcs et de la production des carcasses est essentielle, de par notamment les risques de diffusion de la bactérie depuis l'intestin des animaux vers leur carcasse. Cependant, peu de données sont disponibles, notamment sur les niveaux de contamination pour lesquels aucune étude n'a été menée en France.

Notre travail a eu pour objectifs, d'une part de déterminer le statut de dangerosité vis-à-vis de *Campylobacter* thermotolérants des porcs entrant à l'abattoir et de leur carcasse avant l'entrée en ressuage, et d'autre part, d'estimer le statut des élevages en fin d'engraissement.

Après une étude bibliographique non exhaustive sur les *Campylobacter* thermotolérants, volontairement limitée aux éléments nécessaires à l'analyse du risque pour l'Homme et aux particularités de la filière porcine, nous exposerons notre étude personnelle, les matériels et les méthodes mis en oeuvre, puis les résultats obtenus que nous discuterons.

ETUDE BIBLIOGRAPHIQUE

Genre *Campylobacter*

Campylobacter mucosalis
Campylobacter hyointestinalis   *subsp. hyointestinalis*
Campylobacter fetus   *subsp. fetus*
Campylobacter fetus   *subsp. venerealis*
Campylobacter hyointestinalis   *subsp. lawsonii*
Campylobacter lanienae
Campylobacter concisus
Campylobacter curvus
Campylobacter showae
Campylobacter rectus
Campylobacter sputorum   *biovar sputorum*
Campylobacter sputorum   *biovar paraureolyticus*
Campylobacter hominis
Campylobacter gracilis
Campylobacter upsaliensis
Campylobacter helveticus
Campylobacter coli
Campylobacter lari
Campylobacter coli   *var. hyoilei*
Campylobacter jejuni   *subsp doylei*
Campylobacter jejuni   *subsp. jejuni*

Figure 1 : Espèces actuellement rattachées au genre *Campylobacter* *(Source : On, 2001)*

15

I. ETUDE SYNTHETIQUE DES *CAMPYLOBACTER* THERMOTOLERANTS

A. GENERALITES

1. Historique

Les *Campylobacter* sont isolés pour la première fois en 1913, par Mac Fadyean et Stockman. La nouvelle espèce est alors baptisée *Vibrio fetus* par Smith et Taylor en 1919 (Smith et Taylor, 1919).

Par la suite, d'autres bactéries, proches de par leur morphologie incurvée et leur microaérophilie sont décrites et sont soit assimilées à des variétés de *Vibrio fetus*, soit à de nouvelles espèces distinctes comme *Vibrio jejuni* et *Vibrio coli*.

Il faut attendre 1963 pour que Sebald et Véron séparent ces bactéries du genre *Vibrio* (Sebald et Véron, 1963), et créent un nouveau genre : *Campylobacter* (du grec Kampulos, incurvé ; et bacter, bâtonnet).

Dans les années 70, *Campylobacter jejuni* et dans une moindre mesure *Campylobacter coli* sont reconnus comme une source importante de gastro-entérites (notamment suite aux travaux de Butzler (Butzler et al., 1973) et à ceux de Skirrow (Skirrow, 1977)).

2. Taxonomie- Phylogénie

Le genre *Campylobacter* (Figure 1) fait partie, avec les genres *Arcobacter*, *Sulfurospirillum*, *Helicobacter* et *Wolinella*, de la branche sigma de la classe des protéobactéries, aussi appelée "super famille VI". Cette super famille contient, outre des taxons non regroupés en famille comme *Helicobacter*, la famille des *Campylobacteraceae* ; cette famille regroupe elle-même deux genres phylogénétiquement et morphologiquement proches : *Campylobacter* et *Arcobacter* (Vandamme et al., 1991 ; On, 2001)

Des études concordantes ont montré que le genre *Campylobacter* fait partie de la classe évolutive des bactéries à Gram négatif, mais il en constitue une nouvelle branche phylogénétique (Thompson et al., 1988 ; Véron, 1989 ; Vandamme et al., 1991). Les espèces majeures de *Campylobacter* sont rassemblées dans un groupe homogène (avec 85 à 95 % de similitudes entre les séquences d'ARNr 16s).

Les *Campylobacter spp.* sont des germes mésophiles, ils se développent à 37°C. Mais certaines espèces dites *Campylobacter* thermotolérants ont la particularité de se développer aussi à 42°C ; il s'agit des quatre espèces d'intérêt en hygiène alimentaire, impliquées dans les toxi-infections d'origine alimentaire : *Campylobacter jejuni, Campylobacter coli, Campylobacter lari* et *Campylobacter upsaliensis. C. jejuni* et *C. coli* sont les deux espèces les plus importantes médicalement. Elles sont très proches (25 à 49 % de réactions croisées par hybridation ADN-ADN), ce qui pose des problèmes d'identification. *C. lari* et *C. upsaliensis* peuvent causer des toxi-infections chez l'Homme, mais leur incidence est mal connue.

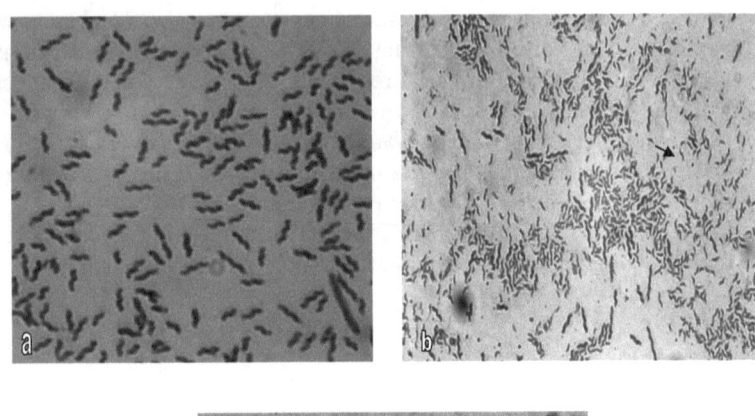

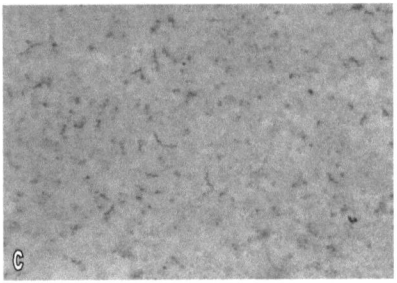

Légende : *a et b : Les Campylobacter spp. sont de petits bacilles, à coloration de Gram négative, spiralés. Un certain polymorphisme s'observe (b) allant du bacille en forme de virgule (flèche), à un bacille avec deux à trois tours de spire en fonction des souches. Dans les cultures âgées ou dans de mauvaises conditions de culture, Campylobacter spp. devient coccoïde (c).*

Figure 2 - a, b et c - : Aspects morphologiques de *Campylobacter spp.* en culture *in vitro* (grossissement : x 100 à immersion, coloration de Gram)

B. BACTERIOLOGIE DES *CAMPYLOBACTER* THERMOTOLERANTS

1. Description générale du genre

Les *Campylobacter* sont des bacilles fins, incurvés, à Gram négatif, de 0,2 à 0,3 μm de diamètre, de longueurs variables (1,5 à 8 μm). Les formes courtes ont une seule incurvation en virgule, les formes plus longues prennent une forme en S ou sont tordues en hélice ou en spirale (Figure 2). Les cellules sont très mobiles grâce à un flagelle presque toujours unique. Après quelques jours de culture, on observe des formes arrondies coccoïdes de 0,5 μm de diamètre se colorant plus faiblement. Les *Campylobacter* sont asporulés, parfois capsulés.

Le genre a pour particularité une grande capacité de réarrangements génomiques permettant une adaptation rapide à de nouveaux environnements. Cette variabilité génomique serait dû en partie à un manque de fonctions de réparation de l'ADN (Martinez-Rodriguez et al., 2004). La diversité génétique permettrait ainsi la survie entre deux hôtes et expliquerait les différences de virulence entre souche : il a été montré que les isolats issus d'humains sont plus virulents que les isolats issus de volaille (Takkinen et al., 2003).

2. Facteurs de développement *in vitro*

Campylobacter spp. n'est pas un genre aisé à cultiver en laboratoire. Sa culture est difficile, exigeante et longue. Quelques particularités sont à souligner :

- *Campylobacter spp.* est considéré comme microaérophile quoiqu'en réalité, de nombreux auteurs le considèrent plus capnophile que microaérophile, c'est à dire qu'il exige une atmosphère enrichie en dioxyde de carbone pour son développement (10 %).
Le mélange gazeux dit de Kiggins et Plastridge préconisé pour la culture de *Campylobacter spp.* est donc : 5 % O_2, 10 % CO_2, 85 % N_2 (Kiggins et Plastridge, 1956).

- Nous avons vu que tous les *Campylobacter* sont mésophiles et se développent donc à 37°C. Certaines espèces, telle que *C. fetus*, se développent à 25°C, mais pas à 42°C, alors que le groupe des *Campylobacter* thermotolérants, parmi lesquelles on trouve *C. coli* et *C. jejuni*, se développent à 42°C, mais pas à 25°C. Cette température d'incubation de 42°C semble constituer un avantage pour les faibles compétiteurs que sont les *Campylobacter* thermotolérants.

• Le recours à des milieux sélectifs est nécessaire pour la culture des *Campylobacter* thermotolérants. Le milieu Butzler, à base de sang, et le milieu Karmali, à base de charbon sont, avec le milieu Skirrow, les plus connus pour l'isolement des *Campylobacter* thermotolérants (Annexe I). Tous les trois contiennent un mélange d'antibiotiques différents. Le milieu de Skirrow est plus ancien et moins sélectif. Les milieux à base de charbon comme la gélose Karmali semblent plus sélectifs que les milieux à base de sang tel que le milieu Butzler, et ce, quel que soit l'échantillon de départ (Karmali et al., 1986 ; Gun-Munro et al., 1987 ; Ono et al., 1995). Sur ces deux derniers milieux, les colonies apparaissent en règle générale en 48 heures.
Des milieux non sélectifs, d'enrichissements, de transport et de conservation existent aussi.

• Un dernier aspect mérite d'être évoqué : les formes VNC (Viables Non Cultivables). Il s'agit d'un concept de plus en plus reconnu. Les VNC ont été mises en évidence par certaines expériences empiriques (Federighi, 1999). Elles sont obtenues en mettant des cellules bactériennes dans un milieu aqueux : le nombre de cellules reste constant mais il y a perte du caractère cultivable. On constate alors que 1 à 10 % des cellules gardent une faible activité métabolique résiduelle et que ces cellules "en coma" peuvent recouvrir leur caractère cultivable dans certaines conditions. Des VNC de *Campylobacter* ont été mises en évidence par Federighi (1998). Le recouvrement de leur caractère cultivable par passage dans le tube digestif d'animaux à sang chaud a été obtenu en 1999 (Cappelier et al., 1999). Toutefois leur présence dans l'eau, le lait et les aliments n'a jamais été montrée à ce jour. Si elle l'était, ceci constituerait un danger sanitaire, car ces formes pourraient redevenir virulentes dans le tube digestif des consommateurs sans qu'elles aient été détectées par des méthodes microbiologiques classiques. Seules des analyses moléculaires permettraient de les identifier.

Les principales exigences de culture des *Campylobacter* thermotolérants sont résumées dans le tableau I.

Tableau I : Récapitulatif des conditions de croissance optimale des *Campylobacter* **thermotolérants**

Température	42°C
pH	6,5-7,5
O_2	5 à 10 %
CO_2	10 %
Activité de l'eau	0,997
NaCl	0,5 %

3. Caractères biochimiques

Les principaux caractères biochimiques des *Campylobacter* thermotolérants sont :
- le caractère oxydase positive systématique
- le caractère catalase positive pour *C. coli, C. jejuni* et *C. lari*
- une réduction courante des nitrates en nitrites
- pas de production d'indole
- habituellement une absence de caractère protéolytique
- une hydrolyse de l'ADN variable
- une production de sulfure d'hydrogène variable
- une réaction d'hydrolyse de l'hippurate variable. Ce test était très utilisé avant l'avènement de la PCR (Polymerase Chain Reaction) pour distinguer *C. coli* de *C. jejuni* (*C. coli* répond positivement, *C. jejuni* négativement).

En pratique, l'identification biochimique des *Campylobacter spp.* est difficile et peu fiable de par leur grande hétérogénéité génomique. A cela s'ajoute la multiplicité et la variabilité de tests non standardisés.

Actuellement, l'identification moléculaire est considérée comme permettant un meilleur diagnostic du genre *Campylobacter* et de ses différentes espèces et tend à s'imposer.

Campylobacter spp. est sensible à la plupart des familles d'antibiotiques, mais des résistances naturelles existent (tableau II). Il est aussi recensé des résistances acquises par *C. coli* et *C. jejuni* aux macrolides, aux aminosides, aux bétalactamines, aux tétracyclines et aux quinolones. Ces résistances se maintiennent au même niveau depuis 15 ans, exceptée la résistance aux quinolones qui, bien que stabilisée depuis 1995 (Megraud, 2003), continue d'inquiéter les médecins. En effet, les résistances aux quinolones sont fréquentes (Payot et al., 2004 (a et b) ; Pezzotti et al., 2003) or cette classe d'antibiotiques est très utilisée dans le traitement à long cours des infections systémiques et des entérites sévères. Dans l'ensemble, *C. coli* s'avère plutôt plus résistant que *C. jejuni*.

A noter que l'on n'a pas pu prouver de lien avec l'utilisation d'antibiotiques en élevage.

Tableau II : Résistances naturelles aux antibiotiques des *Campylobacter*

Campylobacter spp.	Vancomycine, bacitracine, novobiocine, colimycine, streptogramine B, triméthoprime
C. jejuni, C. coli, C. lari	Céphalotine
C. jejuni, C. coli, C. fetus, C. hyointestinalis	Rifampicine

4. Détection des infections à *Campylobacter spp.*

a) DETECTION BACTERIOLOGIQUE CHEZ L'HOMME ET LES ANIMAUX

Chez l'Homme et les animaux, la recherche des *Campylobacter* se fait sur selles ou sur le produit d'un écouvillonnage, qui permet le raclage de la muqueuse rectale riche en *Campylobacter* (Butzler et Oosterom, 1991). La méthode employée dans 90 % des cas est l'examen direct des selles au microscope.

Dans tous les cas, l'échantillon doit être conservé sous couvert du froid positif et ensemencé au plus tôt. L'isolement se fait sur milieux sélectifs incubés sous atmosphère microaérophile à 42°C.

L'identification du genre *Campylobacter* passe ensuite par :
- L'examen morphologique à l'état frais dans une goutte de bouillon qui montre une mobilité caractéristique en "vol de moucheron"
- La coloration de Gram qui révèle des bactéries à coloration de Gram négatif
- Le test à l'oxydase, positif.

Certaines pratiques sont encore à améliorer dans les laboratoires français compte tenu de la difficulté de culture des *Campylobacter* au laboratoire (Gallay et al., 2004).

b) MÉTHODES DE DÉTECTION AVEC AMPLIFICATION GÉNIQUE

Typage de *C. jejuni* et *C. coli*

Parmi les méthodes de typage phénotypique, la sérotypie a été principalement utilisée. Mais les méthodes génotypiques (typage moléculaire) sont actuellement les plus prisées. Trois ont été récemment évaluées et standardisées : la PCR-RFLP, l'électrophorèse en champs pulsés et l'AFLP (Amplified Fragment Length Polymorphism). Cependant, la grande variabilité génétique et phénotypique constatée chez les *Campylobacter* thermotolérants rend délicate l'interprétation de ces méthodes d'analyse.

PCR

La réaction d'amplification génique dite de polymérisation en chaîne (PCR) s'est considérablement développée depuis le début des années 80. Il s'agit d'une technique simple et rapide grâce à laquelle une quantité faible d'ADN peut être détectée. Théoriquement, cette méthode a le potentiel de détecter jusqu'à une seule molécule d'ADN présente dans un échantillon. Depuis sa mise au point, la PCR a révolutionné la détection des agents microbiens parfois difficilement mis en évidence par les méthodes classiques de diagnostic. De nombreuses études soulignent la rapidité de la PCR pour la détection de *Campylobacter* : Giesendaf, 1992 ; Wegmüller et al., 1993 ; Docherty et al., 1996 (a et b) ; Jackson et al., 1996 ; Ng et al., 1997 ; et Waage et al., 1999.

La recherche des *Campylobacter* est effectuée par amplification d'une région d'ADN codant pour une protéine du flagelle au moyen d'amorces spécifiques du genre (Oyofo et al., 1992). Pour le diagnostic des espèces *C. coli* et *C. jejuni*, l'amplification d'une région d'ADN codant pour l'ARN ribosomal 16S est réalisée au moyen de deux couples d'amorces spécifiques de ces espèces (Wassenaar et Newell, 2000). Cette technique est appelée Mutiplex PCR.

23

Le développement des techniques moléculaires a très nettement contribué à améliorer la détection des bactéries. La PCR constitue une méthode d'identification intéressante et peut être considérée comme une technique de diagnostic alternative à la culture pour validation des résultats.

Cependant, son utilisation sur le terrain est actuellement cantonnée à l'identification sur milieux de cultures (Oyofo et al., 1992). En effet une analyse génétique directe sur des prélèvements complexes poly-contaminés comme les matières fécales s'avère délicate et n'a pas encore été mise au point pour la recherche des *Campylobacter* en routine (Inglis et Kalischuk, 2003). Les essais réalisés au laboratoire par l'équipe technique ne se sont pas révélés concluants à ce jour. Cela reste pourtant une voie de recherche importante, la sensibilité théorique de l'analyse moléculaire étant meilleure que celle de l'analyse bactériologique, ainsi que la spécificité si le choix des amorces est judicieux.

Enfin, des travaux récents (Inglis et Kalischuk, 2004 ; Rudi et al., 2004) laissent entrevoir la possibilité d'utiliser la PCR quantitative sur matières fécales. A terme, cette technique permettrait de détecter et dénombrer les *Campylobacter* dans les prélèvements sans passer par l'étape de culture.

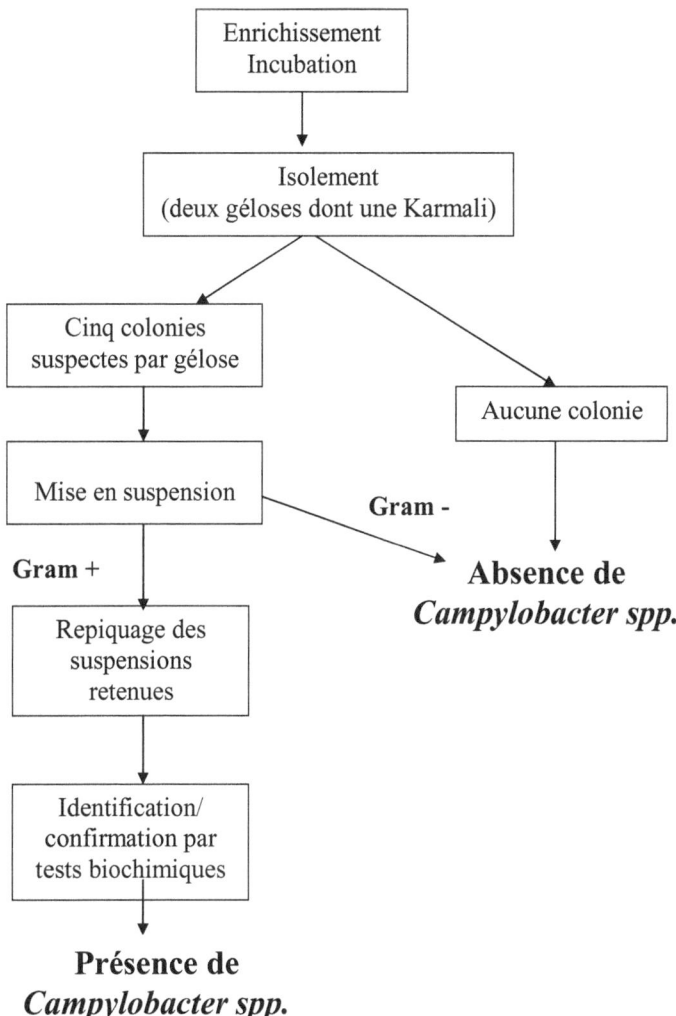

Figure 3 : Représentation schématique du mode opératoire de la méthode de référence de recherche des *Campylobacter* thermotolérants dans les aliments (selon norme NF-ISO 10272)

5. Détection dans les aliments – contexte réglementaire

La surveillance bactérienne des aliments est nécessaire aussi bien à des fins d'expertise lors d'une toxi-infection alimentaire collective, qu'à des fins d'auto-contrôle pour l'analyse de routine.

C. jejuni est inclus depuis 1988 dans la liste des agents majeurs de maladies d'origine alimentaire. Les campylobactérioses à *C. jejuni* sont donc concernées par la directive 93/43/CEE relative à l'hygiène des denrées alimentaires : l'aliment doit être propre à la consommation et ne pas présenter de danger pour le consommateur.

S'il n'y a aucun critère réglementaire européen ou français spécifique aux *Campylobacter*, du moins pour l'instant, un texte récent pourrait aboutir à un réel progrès : il s'agit du règlement européen N° 2160/2003 du 17 novembre 2003 portant sur "le contrôle des salmonelles et d'autres agents zoonotiques présents dans la chaîne alimentaire". Les toxi-infections alimentaires y sont assimilées à des zoonoses. De ce fait, *Campylobacter spp.* devient un agent zoonotique, et à ce titre, doit faire l'objet d'une étude épidémiologique poussée dans les états membres de la Communauté Européenne en 2005 et 2006 avec détermination notamment de sa prévalence en élevage de porc et de volaille, et mise au point d'un plan de contrôle en filière de poulet de chair puis de dinde.

Actuellement, il reste difficile de fixer un critère microbiologique en raison du manque de données notamment sur la relation dose-réponse, la difficulté de détection et de quantification de *Campylobacter*, l'impact du refroidissement, etc…En Europe, seules la Hollande depuis 1993 et la Suisse depuis 1987 ont adopté un critère microbiologique à l'égard de ce germe : il doit être non détectable dans 25g de denrées alimentaires prêtes à consommer. Par ailleurs, depuis le mois de janvier 1996, existe la norme NF-ISO 10272 pour la recherche dans les aliments des *Campylobacter* thermotolérants. Son mode opératoire (Figure 3) est le suivant :

- Prise d'essai et suspension mère : l'homogénéisation de la prise d'essai se fait dans le bouillon d'enrichissement (Preston ou Park et Sanders) avec un rapport prise d'essai/milieu de 1/10.

- Enrichissement : si le bouillon Preston est utilisé, la suspension mère est incubée à 42°C sous atmosphère microaérophile pendant 18 heures.

- Isolement : il consiste en l'ensemencement de deux milieux sélectifs qui seront incubés en microaérophilie à 42°C pendant un à cinq jours. La surface d'un milieu d'isolement au charbon, la gélose

Karmali, est ensemencée en stries. Le choix du second milieu est libre, les plus utilisés sont Skirrow ou Butzler.

- Identification, confirmation : cette analyse se fait en deux étapes. D'abord, une observation des critères morphologiques est réalisée ainsi qu'une coloration de Gram et un état frais. Ensuite sont étudiés les caractères biochimiques.

A noter qu'il existe d'autres méthodes dites alternatives (Pilet et al., 1997). Elles utilisent soit des membranes filtrantes pendant la phase d'enrichissement/isolement, soit des sondes nucléiques ou des tests immunologiques pendant la phase d'identification/confirmation.

C. CAMPYLOBACTERIOSES DIGESTIVES

1. Importance

a) FREQUENCE ET REPARTITION GEOGRAPHIQUE

Dans le monde et en Europe

Tous les auteurs s'accordent à dire que les *Campylobacter* sont l'une des causes les plus fréquentes de gastro-entérites bactériennes dans les pays industrialisés (Tableau III).

Tableau III : Importance des campylobactérioses dans le monde occidental *(Sources : *Wheeler et al., 99 ; **Friedman et al., 2000 ; ***Adak et al., 2002 ; **** Takkinen et al., 2003)*

	USA	Royaume-Uni	Europe des 15 plus la Norvège, l'Islande et la Suisse ****
Nombre d'infections à *Campylobacter* par an	2,1 à 2,4 millions ** (cas confirmés ou non)	420 000 (cas confirmés ou non) *	-
Incidence annuelle (cas pour 100 000 habitants)	880 **	690 ***	2,9 à 166,8 Moyenne de 82 en 2000

Dans de nombreux pays européens, le nombre de campylobactérioses chaque année est supérieur à celui des salmonelloses. Aux USA, on estime que l'incidence annuelle des campylobactérioses est deux fois supérieure à celle des salmonelloses, ce qui en a fait la principale cause d'intoxication alimentaire dans ce pays entre 1996 et 2001. Dans tous les pays qui les recherchent, les campylobactérioses sont au minimum en deuxième position des infections responsables de gastro-entérites (Skirrow, 1990). D'après le rapport de Takkinen et son équipe paru dans Eurosurveillance en 2003 sur la surveillance et le diagnostic de *Campylobacter*, entre 1991 et 1995, 11 des 18 pays étudiés (Europe des 15 plus la Norvège, l'Islande et la Suisse) ont déclaré en tout 154 épidémies. Il faut cependant être conscient qu'étant donné l'extrême diversité du mode de déclaration des épidémies, ces chiffres ne reflètent certainement que grossièrement la réalité.

Quoi qu'il en soit, il y a consensus pour affirmer que le nombre total de cas déclarés augmente chaque année dans de nombreux pays du monde industrialisé.

Dans les pays en voie de développement, la prévalence des campylobactérioses est aussi très importante, en liaison avec la pauvreté, l'hygiène et la promiscuité avec les animaux d'élevage. Dans ces pays, on compte beaucoup de porteurs sains suite à des infections précoces et répétées. Plus l'hygiène augmente, plus la fréquence des porteurs sains diminue (Diarra, 1993).

C'est pour toutes ces raisons que les organisations internationales pour la santé se préoccupent de plus en plus de cette maladie, comme l'illustre la création de 14 groupes de travail sur les campylobactérioses au sein de la FAO-OMS (AFSSA, 2004).

En France

En France, d'après un rapport de l'Institut de Veille Sanitaire publié en 2004, les campylobactérioses restent derrière les salmonelloses, avec une moyenne annuelle de cas confirmés comprise entre 15 995 et 21 652. Le nombre d'hospitalisations liés à cette maladie est estimé entre 3 247 et 4 395, et le nombre de décès entre 16 et 22 pour l'année 2003.

Deux études exhaustives existent concernant la Mayenne et la Charente-Maritime donnant respectivement des incidences annuelles de 27 et 38 cas pour 100 000 habitants (Takkinen et al., 2003).

On estime qu'entre 1997 et 2000 les campylobactérioses ont représenté 0,4 % des toxi-infections alimentaires collectives (TIAC) déclarées en France mais ce chiffre sous-estime largement la réalité car les

Campylobacter thermotolérants sont très rarement en cause dans les anadémies de grande ampleur faisant l'objet d'une déclaration obligatoire. De plus, il y a un défaut de diagnostic des campylobactérioses dû :
- à un diagnostic bactériologique difficile, aussi bien dans les aliments que chez l'Homme
- au manque de sensibilisation des médecins (peu de demande de coprocultures)
- à une incubation longue de la maladie, qui rend plus difficile l'établissement du lien avec l'aliment contaminé
- au fait que contrairement à ce qui se fait pour les salmonelloses, les laboratoires ne font pas de coprocultures systématiques recherchant les *Campylobacter* : une étude récente de 2004 a fait le point sur les pratiques diagnostiques des campylobactérioses dans les laboratoires français. Parmi les laboratoires hospitaliers (N=100), 37 % seulement recherchent systématiquement *Campylobacter* face à une diarrhée, et 94 % le font sur recherche orientée (sur demande, lors de cas groupés, chez les enfants, ou lorsqu'il y a du sang ou du mucus dans les selles). Pour les laboratoires d'analyses biologiques et médicales, les pourcentages sont respectivement de 38 et 89 % (Gallay et al., 2004).

Globalement, la surveillance de l'infection est restée partielle jusqu'en 2002, puisqu'elle n'était pas à déclaration obligatoire et reposait sur le Centre National de Référence des *Campylobacter* et des *Helicobacter* de Bordeaux, qui travaillait depuis 1986 avec un simple réseau de laboratoires hospitaliers volontaires. Le système a pris de l'ampleur en avril 2002 avec l'ajout de laboratoires privés d'analyses médicales. Tous envoient dorénavant les souches qu'ils ont isolées au Centre National de Référence (Gallay et al., 2004). Ce tout récent réseau d'épidémio-surveillance a déjà recueilli 2000 souches en 2003.

En conclusion, malgré un regain d'intérêt des pouvoirs publics pour les campylobactérioses et le lancement de réflexions nationales (création d'un groupe de travail au sein de l'AFSSA (Agence Française de Sécurité Sanitaire des Aliments), et début d'une enquête cas–témoins par l'Institut de Veille Sanitaire des facteurs de risque des campylobactérioses en 2002), l'importance des infections à *Campylobacter* reste largement méconnue en France.

b) ESPECES EN CAUSE

Campylobacter jejuni est responsable de 80 à 90 % des campylobactérioses humaines, *C. coli* étant responsable des cas restants. Seuls six cas de campylobactérioses à *C. lari* ont été décrits (Tauxe et al., 1985). Son rôle pathogène a été décrit par Skirrow en 1998 (Skirrow, 1998). *C. upsaliensis*, fréquemment isolé chez les chiens et chats a parfois été mis en cause (Tableau IV).

Ce schéma général est à nuancer selon les pays : *C. coli* semble plus présent dans les pays sous-développés (Taylor et al., 1992), ainsi qu'en Europe de l'Est où la consommation de porcs porteurs de *C. coli* est très forte (Kalenic et al., 1985).

Tableau IV : Répartition des espèces de *Campylobacter spp.* isolées dans les entérites humaines. Enquête EPICOP 1999-2000, réalisée par un réseau de laboratoires d'analyses de biologie médicale
(Source : Weber et al., 2003)

Espèce	Nombre de souches	Pourcentages
C. jejuni	73	89,0
C. coli	8	9,8
C. upsaliensis	1	1,2

c) POPULATION TOUCHEE ET SAISONNALITE

Population touchée

Tous les groupes d'âge sont affectés, le maximum d'incidence étant atteint chez le nourrisson et le jeune enfant (Friedman et al., 2000). Les incidences relevées sont ensuite stables, hormis un pic chez le jeune adulte décrit dans plusieurs pays (Figure 4).

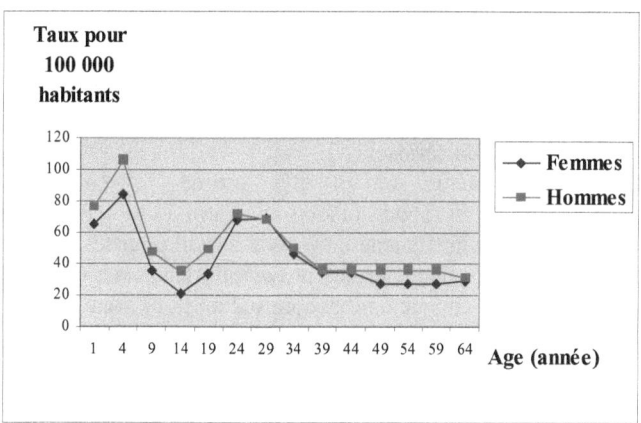

Figure 4 : Incidence des campylobactérioses de 1988 à 1999 au Canada selon les classes d'âge de la population
(Source : Agence de santé publique du Canada)

Saisonnalité

De nombreux auteurs rapportent une recrudescence des cas de campylobactérioses pendant les mois les plus chauds. Ainsi, dans les pays tempérés des deux hémisphères, le pic de cas est atteint au printemps ou en été (Nylen et al., 2002), alors qu'il y a peu de variation dans les pays tropicaux (exceptée une légère augmentation des cas à la saison des pluies (Taylor et al., 1992)). En Europe, le pic a lieu à quelques semaines d'écart selon les pays.

Ce phénomène n'est pas expliqué, l'hypothèse de l'évolution des réservoirs animaux et de la contamination de l'environnement est simplement avancée.

d) IMPACT

L'impact des campylobactérioses se décline selon trois aspects :
- la morbidité, avec les gastro-entérites : elle entraîne des consultations médicales, des arrêts de travail et des hospitalisations.
- la mortalité, peu étudiée à ce jour et pourtant à ne pas négliger. Une étude a été mise en œuvre sur ce sujet aux Pays-Bas, intégrant

les années de vie perdues par mortalité prématurée ou par incapacité : pour 15 millions d'habitants, entre 1990 et 1995, environ 0,01 % de toutes les années de vie perdues sont à mettre sur le compte des *Campylobacter* thermotolérants (Havelaar et al., 2000).

- le syndrome de Guillain-Barré, complication rare mais grave des campylobactérioses.

En France, aucun travail n'a estimé le coût financier des campylobactérioses. Todd (1995) a estimé le coût moyen d'une campylobactériose au Canada à 600 euros (870 pour les salmonelles). Aux Etats-Unis, le poids financier des campylobactérioses a été estimé à 1,5 à 8 billions de dollars chaque année, dont 0,2 à 1,8 billions de dollars dus aux syndromes de Guillain-Barré consécutifs aux campylobactérioses (Buzby et al., 1997). A ces chiffres, il faudrait encore rajouter les préjudices physiques et psychologiques.

2. Etude clinique

a) CHEZ L'ANIMAL

Les *Campylobacter spp.* sont des bactéries entériques, particulièrement bien adaptées au tube digestif des animaux à sang chaud en général et des volailles en particulier. Ils sont présents dans le tube digestif de nombreuses espèces d'animaux : mammifères sauvages, de compagnie ou domestiques, oiseaux, mais aussi invertébrés et poissons. La volaille et le bétail abritent plutôt *C. jejuni*, le porc *C. coli*, et le chien, *C. upsaliensis*.

Chez la volaille, plusieurs millions de *Campylobacter* par gramme de fécès peuvent être recensés sans qu'aucun effet sur la santé ne soit noté (Beery et al., 1988), sauf circonstances particulières (Corry and Atabay, 2001).

Globalement, les *Campylobacter* thermotolérants semblent rarement pathogènes pour les animaux, et les performances sont très peu affectées (Straw, 1990). Seul *C. fetus* a été une cause importante d'avortements chez les bovins et de stérilité chez les bovins et les ovins.

b) CHEZ L'HOMME

En France, *C. coli* est responsable de 3,2 % à près de 10 % des campylobactérioses humaines provoquées par les *Campylobacter* thermotolérants (Weber et al., 2003). La maladie est identique à celle occasionnée par *C. jejuni*, mais le diagnostic différentiel n'ayant pas été fait dans le passé entre les deux espèces, il est possible que des manifestations spécifiques dues à *C. coli* aient été attribuées à *C. jejuni* (Veron, 1989).

Signes cliniques

La maladie humaine la plus fréquemment associée aux *Campylobacter spp.* est une entérite, aiguë et peu spécifique. Elle peut se compliquer de bactériémie, de localisations secondaires et d'un syndrome post-infectieux. Les formes peuvent être diversement graves, allant d'une gastro-entérite brève et bénigne à une entérocolite durant plusieurs semaines avec douleurs abdominales et diarrhée hémorragique. Les signes cliniques s'expriment avec des fréquences et des intensités diverses selon les patients, leur âge, leur environnement etc...Chez le nourrisson le tableau clinique est souvent plus grave et plus complet. L'allaitement maternel réduit l'expression clinique (Nachamkin et al., 1994), et les symptômes sont maximum au sevrage.

Dans les pays en voie de développement où l'exposition est très fréquente, l'enfant, après des infections successives, développe une immunité et devient porteur asymptomatique (Diarra, 1993).

Il arrive que les seuls signes de la campylobactériose soient des douleurs abdominales et/ou la présence de sang dans les selles.

L'incubation, longue pour une entérite, dure trois à quatre jours, voire plus.
- Phase prodromique

Elle dure de quelques heures à quelques jours.

Les premiers signes sont variables : fièvre en général modérée, malaises, céphalées moins marquées que lors de salmonellose, anorexie, asthénie, douleurs musculaires et articulaires, confusion.

- Phase diarrhéique

Elle dure de 2 à 10 jours. C'est une diarrhée inflammatoire qui peut être profuse, aqueuse ou muqueuse, avec des crampes abdominales importantes. Les selles contiennent des leucocytes, du sang en nature ou du méléna et un exsudat. Tout l'intestin peut être concerné, mais c'est le côlon qui est le plus systématiquement atteint.

Les vomissements sont peu fréquents car il n'y a pas d'atteinte gastrique.

- Phase de récupération

Elle dure de deux jours à trois semaines. Le plus souvent, la guérison intervient en moins d'une semaine. La douleur abdominale peut durer jusqu'à six semaines et il y a quelques cas de déshydratation. A noter que la bactérie persiste plusieurs semaines, voire plusieurs mois dans les selles. Un traitement antibiotique adapté éradique la bactérie et interrompt l'excrétion fécale.

Les rechutes sont possibles.

Complications

Les complications locales de type appendicite, péritonite etc...sont exceptionnelles.

Les *Campylobacter* sont considérés comme invasifs et peuvent donc passer du tractus digestif à la circulation sanguine. Cependant, ce cas de figure reste très rare. Seul *C. fetus* est plus souvent associé à une infection systémique chez des patients déjà immunodéprimés.

Les bactériémies et septicémies éventuelles donnent de la fièvre et des localisations secondaires. Il a ainsi été décrit des infections de l'endothélium vasculaire, des os, des articulations et quelques méningites purulentes chez le nouveau-né. Chez le nourrisson, des risques de déshydratation et de convulsions existent.

Comme d'autres bactéries entéropathogènes, les *Campylobacter* thermotolérants peuvent entraîner des syndromes post-infectieux comme l'arthrite réactionnelle, l'érythème noueux, ou l'urticaire (moins de 1 % des cas). Toutefois le syndrome post-infectieux le plus important est le syndrome de Guillain-Barré. Ce syndrome résulte d'un mimétisme moléculaire entre certains antigènes de la paroi bactérienne et certains composants de la gaine de myéline des nerfs. Il se traduit par une paralysie flasque et une dissociation albumino-cytologique, une mortalité dans 2 à 3 % des cas et des séquelles nerveuses majeures dans environ 20 % des cas. Sinon, la récupération est partielle ou totale en quelques semaines à quelques mois. Le traitement consiste en une plasmaphérèse. On estime que 20 à 50 % des cas de syndrome de Guillain-Barré, les plus sévères, seraient dus à une infection à *Campylobacter* (Vriesendorp et al., 1993). Une campylobactériose sur 1058 est suivie d'un syndrome de Guillain-Barré (Buzby et al., 1997).

Comme pour de nombreuses autres infections, une campylobactériose pendant une grossesse peut présenter un danger pour la femme et le fœtus : une bactériémie puis une infection intra-utérine peuvent se solder par un avortement, une naissance prématurée, ou une mortalité néonatale. Une campylobactériose autour de l'accouchement peut provoquer une entérite néonatale, une bactériémie, ou une méningite. C'est l'un des nombreux dangers qui motivent une hygiène alimentaire stricte pendant la grossesse.

Enfin, la mortalité associée aux infections à *Campylobacter*, bien que faible, n'est pas négligeable.

Diagnostic

Impossible à distinguer cliniquement d'une salmonellose, le diagnostic bactériologique est nécessaire.

Traitement

Un traitement antibiotique précoce est rare, il peut pourtant atténuer les symptômes (Salazar-Lindo et al., 1986 ; Begue et al., 1989). Quelques cas graves nécessitent une antibiothérapie. Elle est généralement à base d'érythromycine en première intention ou de ciprofloxacine (cette dernière molécule rencontre beaucoup de résistances bactériennes), voire de gentamicine, ou de tétracycline.
La famille antibiotique de choix semble être les macrolides (érythromycine notamment), grâce à une résorption rapide et un spectre étroit qui perturbe peu la flore normale digestive.

3. Pathogénie des *Campylobacter* thermotolérants

La pathogénie des *Campylobacter* thermotolérants a surtout été étudiée pour *C. jejuni*.
On a montré qu'*in vitro*, *C. jejuni* pouvait adhérer de façon réversible et s'internaliser dans des cellules épithéliales. Le nombre de cellules infectées augmente avec le temps (Hu et Kopecko, 1999). Les pili, la flagelline, les protéines des membranes externes et le lipopolysaccharide pourraient jouer le rôle d'adhésines (Konkel et al., 2000).

In vivo, il est admis que *Campylobacter* agit selon un schéma commun à la plupart des bactéries entéropathogènes, à savoir l'adhésion à la surface du mucus, la pénétration dans le mucus et l'attachement aux cellules épithéliales intestinales. L'adhérence évite l'élimination de la bactérie par le péristaltisme et précède obligatoirement la pénétration dans la cellule. Le côlon est le principal organe cible.
Dans la cellule hôte, *C. jejuni* peut survivre dans les vacuoles et provoquer la production d'interleukines 8 pro-inflammatoires. Il sécrète

aussi une toxine distendant le cytosquelette (Johnson et Lior, 1988), contribuant à l'apoptose et au blocage du cycle cellulaire (Whitehouse et al., 1998). *C. jejuni* peut ensuite passer de cellules en cellules par endocytose ou migrer entre elles.

Certaines souches de *C. jejuni* possède une capsule (Karlyshev et al., 2001 ; Dorell et al., 2001) qui pourrait avoir une implication dans la virulence et la survie de la bactérie.

La pathogénèse de la diarrhée en elle-même n'est pas totalement élucidée : la motilité fournie par le flagelle est nécessaire à la colonisation des cellules intestinales et l'invasion de la cellule est obligatoire. Des molécules cytotoxiques sont produites sans qu'on connaisse leur rôle exact.

Le pouvoir pathogène de *C. jejuni* est loin d'être élucidé, mais le séquençage total de son génome (Parkhill et al., 2000), devrait faciliter et encourager les recherches sur ce sujet. Le pouvoir pathogène diffère selon les souches : certains sérogroupes de *C. jejuni* semblent exclusivement à l'origine du syndrome de Guillain-Barré (Yuki et al., 1997 ; Endtz et al., 2000). Certaines souches de *C. jejuni* semblent plus invasives.

La sensibilité de l'hôte intervient aussi fortement dans l'expression des symptômes. On sait que tous les sujets sont susceptibles de développer une campylobactériose, mais la sévérité des signes cliniques varie selon les individus. Les facteurs en cause sont :
-   Génétiques, à travers les récepteurs de l'intestin et la flore de barrière,
-   Immunitaires : les individus naïfs (tels que les nourrissons) ou les personnes immuno-déprimées font des formes plus sévères. Les patients atteints du SIDA (Syndrome d'Immuno Déficience Acquise) ont un risque 40 fois plus élevé d'exprimer des signes cliniques (Sorvillo et al., 1991). Les infections systémiques se produisent surtout après 65 ans
-   Enfin, il existe un sex-ratio : les hommes sont plus souvent touchés que les femmes.

4. Epidémiologie des campylobactérioses

a) MODALITES DE TRANSMISSION A L'HOMME

Sources de contamination pour l'Homme

La campylobactériose est une zoonose. La contamination se fait dans 80 % des cas par l'ingestion d'aliments contaminés (Mead et al., 1999) avec, par ordre décroissant d'importance :

• La viande de volaille pas assez cuite : c'est l'aliment le plus souvent désigné comme source des cas de campylobactérioses : de multiples études ont montré la relation entre la consommation de poulets et la fréquence des campylobactérioses. Lors de la crise de la dioxine en Belgique, 60 % de la production belge en poulets a été retirée du marché et pendant cette période, les cas de campylobactérioses ont chuté de 40 %. Lorsque la volaille belge a été réintroduite un mois plus tard, l'incidence des campylobactérioses est peu à peu revenue à son niveau de départ (Vellinga et Van Loock, 2002).

• Le lait cru

• Les aliments contaminés indirectement (légumes…), notamment par contact avec de la viande de volaille crue contaminée, ou avec du matériel ayant été en contact avec un aliment contaminé.

Les *Campylobacter* thermotolérants, étant données leurs conditions de culture exigeantes, ne sont pas capables de se multiplier dans les animaux une fois morts, *a fortiori* dans les aliments dans des conditions de stockage normales (Park, 2002).

Même si leur viabilité décroît jusqu'au consommateur, leur survie, quoique non totalement élucidée, est possible. On sait que *C. jejuni* peut persister plusieurs jours sur les viandes réfrigérées (ce temps de survie est très variable selon les études) ; le phénomène peut être suffisant pour contaminer l'Homme, d'où l'importance de l'hygiène chez les consommateurs. En revanche, les *Campylobacter* thermotolérants sont sensibles à la chaleur : de nombreuses études montrent qu'une température à cœur de plus de 60°C est létale.

Les autres voies de contamination, plus annexes, sont l'eau et les animaux de compagnie. Le contact direct avec les animaux de compagnie (chiots et chatons en diarrhée), avec des animaux domestiques infectés, les voyages à l'étranger, le contact avec la viande crue (dans le cadre d'une activité professionnelle), et les activités aquatiques sont autant de facteurs de risque. En revanche, les études montrent que la transmission inter-humaine est rare.

Il est classiquement décrit deux schémas épidémiologiques différents, correspondant à deux sources de contamination différentes : les grandes épidémies, surtout observées aux USA et en Europe du Nord sont souvent dues à l'eau ou au lait cru. Dans des pays comme la France, au contraire, les cas groupés et sporadiques sont surtout dus à la volaille contaminée ou à des contaminations croisées (Winquist et al., 2001).

Les principales voies de transmission de *Campylobacter* sont résumées dans la figure 5.

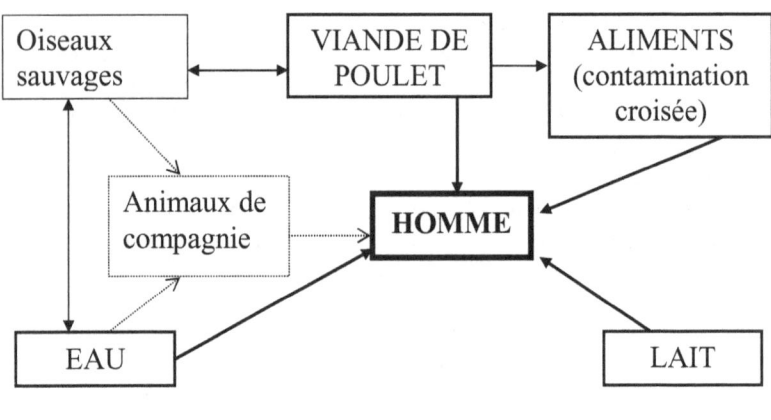

Légende : ⋯⋯⋯> : *Sources et voies de contamination secondaires*

Figure 5 : Principales voies de transmission de *Campylobacter jejuni*

Dose infectante

La dose nécessaire à ingérer pour déclencher une campylobactériose est longtemps restée indéterminée. Quelques éléments expérimentaux existent :

• Une étude menée par l'équipe de Black en 1988 a consisté à faire ingérer à des volontaires des doses connues de *C. jejuni* : dès 800 UFC (Unité Formant Colonie), 10 % des sujets étaient malades. Une dose minimum de 500 cellules a été établie (Black et al., 1988)

- En 1998, Grau avance le chiffre de 1 000 cellules (Grau, 1998)
- Une dose infectante pour la viande a été établie au Canada, lors d'infections non expérimentales, après dénombrement de *C. jejuni* dans de la viande congelée ayant été responsable d'une série de TIAC. La contamination de cette viande était de l'ordre de quatre cellules par gramme de viande ce qui, compte tenu de la quantité normale de viande ingérée au cours d'un repas, indique là aussi une dose infectante de l'ordre de quelques centaines de cellules.

Une grande imprécision demeure sur la probabilité de la maladie en fonction de la dose. Néanmoins, tout semble indiquer que des inoculum faibles peuvent conduire à des taux d'attaque significatifs puisque la dose ingérée infectante semble se situer à quelques centaines de cellules seulement.

b) RESERVOIRS

Réservoir animal

Le principal réservoir de *Campylobacter* thermotolérants est le tube digestif des animaux à sang chaud (mammifères et oiseaux, sauvages ou domestiques), chez qui ils ne sont pas pathogènes. Dans le tube digestif des hôtes, *Campylobacter spp.* se multiplie fortement et peut devenir une flore très abondante de l'intestin, particulièrement dans le caecum (Newell et Fearnley, 2003). Lorsqu'il y a excrétion, une petite proportion peut survivre jusqu'à l'ingestion par l'hôte suivant. L'existence de vecteurs entre les hôtes n'a jamais été démontrée.

Réservoir hydrotellurique

Campylobacter spp. n'est pas un germe d'environnement, il ne peut s'y multiplier. Néanmoins, on lui prête généralement une certaine aptitude à la survie dans le milieu extérieur.

Les études sur la survie des *Campylobacter* thermotolérants dans l'eau ont donné des résultats très variables, selon les espèces, les souches et les protocoles employés. Des facteurs comme l'aération et l'oxygénation jouent un rôle dans la survie. Quoi qu'il en soit, *Campylobacter spp.* est couramment isolé dans les eaux de ruissellement et les nappes superficielles (Savill et al., 2001 ; Schaffter et Parriaux, 2002). Des anadémies de campylobactérioses survenues aux USA et en Europe de Nord ont été reliées à la contamination de l'eau de boisson par *C. jejuni*. Le lien a été confirmé en Finlande par des techniques de sérotypages couplées à des analyses en champs pulsés ayant montré la similitude entre les isolats de l'eau et ceux isolés dans les fécès des patients (Hanninen, 2003).

Des études complémentaires ont montré que l'eau responsable était contaminée par des fécès animaux (ruissellement sur les sols après la pluie ou à travers des canalisations défectueuses). Ainsi, on soupçonne les animaux sauvages, notamment les oiseaux et les animaux domestiques sur pâtures, de contaminer l'environnement, dont l'eau (Friedman et al., 2000 ; Jones, 2001). Certains auteurs soulignent également l'importance de la contamination des eaux usées et des boues d'épandage provenant des abattoirs et des élevages (Easton, 1996 ; Koenrad et al., 1996). L'impact de ce phénomène sur la santé publique est encore inconnu.

Finalement, l'eau est plus une voie de transmission qu'un véritable réservoir. Son rôle important dans l'apparition d'anadémies de campylobactérioses est cependant souligné par de nombreux auteurs (Koenraad et al., 1997 ; Thomas et al., 1999 ; Jones, 2001 ; Cools et al., 2003).

Réservoir humain

La question d'un réservoir humain est encore discutée. Il semble que l'homme, chez qui le portage sain est assez rare, constitue un réservoir mineur. Par contre, les malades atteints de campylobactériose excrètent le germe à des taux très élevés pendant plusieurs jours (jusqu'à deux ou trois semaines) (Pilet et al., 1997).

c) FORME EPIDEMIOLOGIQUE DES CAMPYLOBACTERIOSES

Les infections à *Campylobacter* sont principalement des cas sporadiques, ne pouvant être reliés ni à une TIAC (Toxi-Infection Alimentaire Collective) ni à une anadémie avec une même origine de contamination, ni à une épidémie. Ceci est expliqué par de nombreux auteurs par l'absence de multiplication de *Campylobacter* dans les aliments. Aux USA, moins de 1 % des cas de campylobactérioses sont reliés à des TIAC (Friedman et al., 2000) ; en France, 10 TIAC à *Campylobacter* seulement ont été recensées entre 1997 et 2000, ce qui représente 170 cas, soit moins de 0,4 % des TIAC déclarées. Une seule de ces TIAC était familiale. Cependant certains auteurs suggèrent que des cas dits sporadiques pourraient en réalité être des anadémies diffuses non détectées ayant pour origine un même aliment contaminé mais sur une grande aire géographique et avec peu de cas.

Cette rareté globale des anadémies et épidémies de campylobactérioses complique l'étude de l'épidémiologie de la maladie, ce qui aboutit à ce paradoxe maintes fois relevé dans la littérature : la campylobactériose est l'une des plus fréquentes gastro-entérites d'origine alimentaire, mais sa transmission à l'Homme est encore peu comprise. Et l'avènement des techniques moléculaires a finalement soulevé plus de questions que de réponses (Stanley et Jones, 2003).

Enfin, rappelons qu'une dichotomie existe entre d'une part les USA et l'Europe du Nord, où de réelles épidémies de campylobactérioses sont assez fréquentes, et d'autre part l'Europe occidentale où elles ne sont pratiquement pas observées.

II. CAMPYLOBACTER ET LE PORC

A. HISTORIQUE DE LEUR DECOUVERTE CHEZ LE PORC

Dès 1944, Doyle isole chez le porc un germe qu'il appelle *Vibrio coli* (probablement un *Campylobacter coli*). Ce germe est alors associé à la dysenterie porcine. Ceci s'avérera faux par la suite, mais un fait s'impose au cours des années : *C. jejuni* et surtout *C. coli* sont les deux principales espèces de *Campylobacter* présentes dans le tube digestif des porcins.

Dans les années 80, des études sont conduites pour mieux connaître la prévalence de *Campylobacter spp.* chez le porc, en élevage et à l'abattoir. Les premiers auteurs se sont d'abord intéressés à l'espèce *Campylobacter jejuni*, premier germe entéropathogène pour l'Homme. Néanmoins, on s'aperçoit vite que c'est *C. coli* qui est le plus fréquent chez le porc, même si d'autres espèces ont été isolées, telles que *C. hyointestinalis* (Gebhart et al., 1985 ; Minet et al., 1988 ; On et al., 1995), *Campylobacter mucosalis* (Lin et al., 1991), *Campylobacter hyolei* (Alderton et al., 1995), et *Campylobacter lari* (Moore and Madden, 1998 ; Young et al., 2000).

B. EPIDEMIOLOGIE ET POUVOIR PATHOGENE DES *CAMPYLOBACTER* THERMOTOLERANTS CHEZ LE PORC

1. Epidémiologie

a) PREVALENCE

Le statut des élevages porcins vis à vis des *Campylobacter* thermotolérants n'est encore que partiellement connu. La diversité des matériels et méthodes employés dans les différentes études incitent à relativiser les résultats obtenus. On peut cependant dégager de grandes lignes concernant le taux de portage intestinal en *Campylobacter* thermotolérants des porcs en élevage.

Les prévalences trouvées dans les différents pays du monde varient entre 9 et 100 %. Toutefois, le plus souvent, dans les études comparables les plus récentes, les prévalences sont élevées, au-dessus de 50-60 % des animaux analysés. En France, toutes les études montrent plus de 50 % des porcs porteurs.

Une prévalence moyenne de la contamination par *Campylobacter* du porc peut être estimée à 70 % dans la plupart des pays occidentaux tels que la Hollande, la France, les USA, ou la Norvège (Munroe et al., 1983 ; Oosterom et De Wilde, 1983 ; Rossero et al., 1999 ; Harvey et Anderson, 1999). Ceci fait l'objet d'un consensus depuis plusieurs années.

La plupart des auteurs ayant étudié le portage en *Campylobacter* de différentes classes d'âge d'animaux dans les élevages ont observé une contamination déjà importante au stade de la maternité (Weijtens et al., 1997 ; Young et al., 2000 ; Magras et al., 2004 (a et b)).

En outre, on a montré que les prévalences restent stables et élevées au long de l'engraissement des porcs. Les lots de porcs charcutiers prêts à être abattus ne sont pas moins contaminés que les animaux plus jeunes (Weijtens et al., 1993).

b) SOURCES DE CONTAMINATION

L'épidémiologie des *Campylobacter* thermotolérants en élevage a été beaucoup plus étudiée chez les volailles que chez le porc, pour lequel on manque de données.

Chez le poulet, l'eau est considérée comme un vecteur de propagation très important (Pearson et al., 1993).

La possibilité d'une transmission verticale est controversée, elle n'a jamais été formellement démontrée pour aucune espèce. Si elle existe, elle doit être mineure par rapport à la contamination horizontale. Chez le poulet notamment, il ne semble pas y avoir de réelle transmission verticale par les œufs, mais les élevages de reproducteurs semblent quand même être une source de *Campylobacter* pour les poulets de chair, et la transmission d'une génération à l'autre semble être possible (Clark and Bueschkens, 1985).

En élevage porcin, la constatation d'une contamination précoce des porcelets a orienté les recherches vers des sources de *Campylobacter* présentes en maternité, au premier rang desquelles la truie, dont le rôle important ne fait plus guère de doutes (Leroux, 2003 ; Magras et al., 2004 (a et b)). Aucune autre source potentielle telle que l'eau, l'aliment ou le logement n'a été clairement impliquée.

Les sources de contamination des porcelets restent donc un sujet abondamment débattu, où les avis contraires ne manquent pas. La grande diversité des génotypes isolés sur les porcs indique plusieurs sources de contamination environnementales très complexes à identifier.

En résumé, on retiendra la forte contamination des porcs dans les élevages conventionnels, la précocité de cette contamination et son maintien jusqu'à l'abattage. Une exposition importante, la dose infectante probablement basse et la rapidité de la transmission rendent caduques les mesures de biosécurité standard et explique cette forte présence des *Campylobacter* thermotolérants en élevages porcins.

2. Pouvoir pathogène chez le porc

Depuis de nombreuses années, tous les auteurs s'accordent à considérer les *Campylobacter* thermotolérants comme faisant partie de la flore commensale du porc. Cependant, on pense que dans certaines conditions indéfinies, ils peuvent devenir des pathogènes entériques. Les travaux de Taylor et Al-Mashat en 1985 montrent que le pouvoir pathogène de *Campylobacter spp.* vis à vis du porc n'est pas aisé à définir : dans leur étude, des porcelets nés et allaités dans un troupeau infecté par *Campylobacter* ont ensuite été infectés expérimentalement et n'ont exprimé que peu de symptômes. D'autres porcelets, privés de colostrum à la naissance, puis infectés expérimentalement dans les mêmes conditions, ont développé une diarrhée sévère mucoïde et sanguinolente. D'autre part, on a montré que les symptômes et lésions obtenus dans ce cas de figure étaient identiques à ceux retrouvés chez les patients atteints de campylobactériose (Babakhani et Joens, 1993).

Une immunité passive existerait donc, jouant un rôle important dans l'expression des symptômes, en tout cas chez les jeunes individus. Dès lors, on peut faire l'hypothèse d'une immunité acquise qui prendrait le relais chez les individus plus âgés et les protègerait, à l'instar de ce qu'on observe dans les populations humaines très exposées.

C. VIANDE DE PORC COMME SOURCE POTENTIELLE D'INFECTIONS HUMAINES

1. Consommation de porc

La viande de porc est la viande de boucherie la plus consommée en France, en Europe et dans le monde. Sa consommation mondiale a atteint en 2003 15,2 kg par habitant. Elle devrait continuer à s'accroître légèrement ces prochaines années ou se stabiliser.

En France, en 2003, le cheptel s'est élevé à 15 millions de têtes, la production porcine à 2,09 millions de tonnes équivalent carcasse et la consommation à presque 2 millions de tonnes équivalent carcasse. Le solde commercial positif pour la filière porcine française s'est établi à 54,4 millions d'euros en 2003 (Ofival, 2003).

2. Campylobactérioses d'origine porcine

Le porc est généralement contaminé par *C. coli*. Or, 90 % des campylobactérioses sont dues à *C. jejuni*, d'origine aviaire. Il est intéressant de noter qu'en Europe de l'est, où la consommation de porcs est très importante, la prévalence de campylobactérioses à *C. coli* est très élevée (Kalenic et al., 1985).

Dans nos régions, les produits d'origine porcine semblent rarement être une source de campylobactériose ; le poulet est beaucoup plus fréquemment mis en cause. Il existe malgré tout des exemples :

- Des saucisses de porcs ont été à l'origine de campylobactérioses dans les années 90 (Kapperud et al., 1992).
- Oosterom et son équipe, en 1980, rapportent une anadémie touchant 800 écoliers après un repas à base de porc mariné dans le vinaigre.

Les différents exemples de campylobactérioses à partir de viande rouge montrent que le défaut ou l'absence de cuisson jouent un rôle important. De même, la contamination croisée avec la viande de poulet, notamment chez le consommateur, pas toujours respectueux des règles d'hygiène, est un phénomène dont l'importance a été soulignée par de nombreuses études (Klontz et al., 1995 ; Olsen et al., 2001 ; De Cesare et al., 2003). De Boer et Hahne (1990) ont retrouvé une fois sur deux des *Campylobacter* sur des surfaces ayant reçu au préalable des viandes de poulet contaminées. *C. jejuni* survivrait plus de quatre heures sur des surfaces, surtout si elles sont sales, et plusieurs dizaines d'heures sur la coquille des œufs (Kollowa et Kollowa, 1989).

3. Statut des produits carnés de porc vis à vis des *Campylobacter* thermotolérants

Nous traiterons dans ce paragraphe des produits alimentaires d'origine porcine au stade de la distribution, tels qu'ils peuvent être achetés par les consommateurs. Le statut des carcasses à l'abattoir sera décrit par la suite.

Un certain nombre d'études se sont intéressées à la présence de *Campylobacter* thermotolérants dans la viande de porc à l'étal. Les résultats, à quelques exceptions près, font état d'une très faible contamination, aussi bien sur la charcuterie que sur les autres produits (Stern et al., 1985 ; Oosterom et al., 1985). Sur les études les plus récentes, les résultats oscillent entre 0 et 10 % (Madden et al., 1996 ; Duffy et al., 2001 ; Pezzotti et al., 2003).

La plupart du temps, *C. coli* est très majoritaire. Cependant, *C. jejuni* a parfois été isolé (Pezzotti et al., 2003) ainsi que *C. fetus* (Kramer et al., 2000) ; on met alors en cause une contamination croisée, notamment avec les produits aviaires qui sont une source importante de *C. jejuni*.

La faible contamination des produits porcins à la boucherie et dans les supermarchés, et les habitudes culinaires dans nos contrées de manger du porc bien cuit limitent certainement fortement le risque, sans toutefois l'annuler puisqu'il existe des cas d'infections à *Campylobacter* attribués à l'ingestion de viande de porc. La faible valeur de la dose infectante pour la viande favorise l'apparition de campylobactériose à partir d'aliments faiblement contaminés et explique la nécessité de données supplémentaires sur la contamination de la filière porcine par *Campylobacter spp.*.

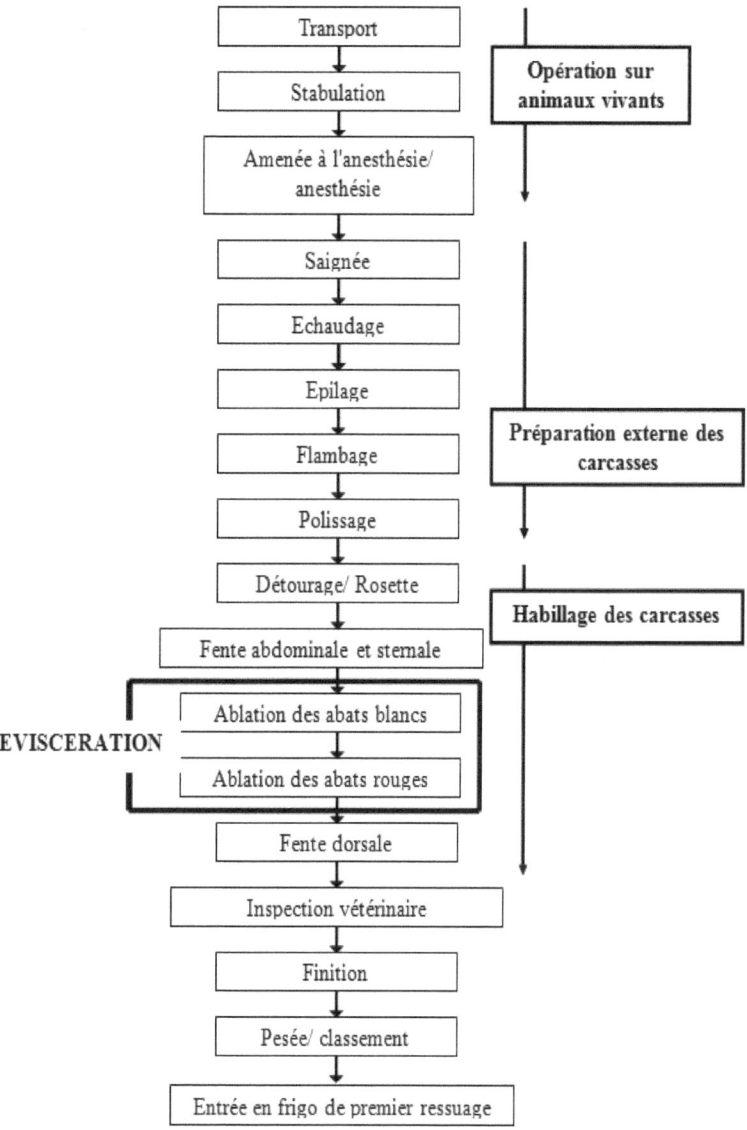

Figure 6 : Diagramme général des opérations du process d'abattage des porcs *(Source : Rossel, 2003)*

D. CONTAMINATION DE LA VIANDE DE PORC A L'ABATTOIR

La contamination de la viande de porc peut se produire chez le boucher ou le consommateur par contact direct ou indirect avec de la viande de volailles contaminée.

Elle peut aussi survenir à l'abattoir, lors du procédé d'abattage.

Les porcs issus des élevages conventionnels français sont en général abattus vers 5-6 mois, pour un objectif de poids moyen de carcasse de 80 kg. Or, nous avons vu que plus de 70 % en moyenne des porcs arrivant à l'abattoir étaient porteurs au niveau de leurs intestins (Rosef et al., 1983 ; Dromigny et al., 1985 ; Colin, 1985 ; Mafu et al., 1989 ; Weijtens et al., 1993 ; Nielsen et Wegener, 1997). *C. coli* est isolé en moyenne dans 90 % des échantillons.

Les quantités de *Campylobacter* présentes dans le tube digestif sont importantes : *C. coli* est présent en plus grand nombre que *Salmonella* ou *Yersinia* (Borch et al., 1996), avec des niveaux de l'ordre de 10 000 à 100 000 bactéries par gramme de contenu digestif (Oosterom et al., 1985 ; Young et al., 2000).

On peut conclure de ces différentes données que toute faute d'hygiène ou tout incident sur la chaîne aboutissant à la souillure des carcasses par les matières fécales peut *in fine* se solder par la contamination de la viande de porc.

Il est donc important de rappeler le process d'abattage des porcs pour en comprendre les points critiques sur la qualité microbiologique et les moyens de maîtrise possibles (Figure 6). Pour chaque étape, nous mentionnerons les risques de contamination microbiologique des viandes, en particulier par *Campylobacter spp.*. Il est essentiel de comprendre que le schéma que nous présentons ici est un schéma général. Des variations existent dans chaque abattoir, avec des opérations qui peuvent être supprimées ou au contraire ajoutées, ou bien dont l'ordre peut être inversé. De même, les degrés de mécanisation des chaînes sont très variables. Toutes ces variantes peuvent avoir des répercussions sur la qualité sanitaire des carcasses.

Dans cette partie, nous laisserons de côté le cas des abats.

1. Chaîne d'abattage et impact sur la contamination des carcasses

a) TRANSPORT/ATTENTE

Les abattoirs disposent de stabulation à l'abri du soleil, où les animaux peuvent se reposer et boire. Les animaux, issus de nombreux élevages, peuvent se contaminer entre eux via les locaux, les congénères, etc...

Des auteurs ont suggéré que la privation de nourriture, le stress du transport et le mélange des animaux avant l'abattage pouvaient affecter la contamination par *Campylobacter,* notamment l'excrétion fécale, comme c'est le cas pour les salmonelles. Plusieurs travaux l'ont démontré chez le poulet (Stern et al., 1995 ; Whyte et al., 2001). En revanche, une étude de Beach et son équipe (2002) sur l'influence de ces facteurs pour *Campylobacter* chez les bovins n'a montré aucun effet.

Chez le porc, aucune étude n'existe.

b) ANESTHESIE

Les porcs sont étourdis par électronarcose (systèmes électriques manuels ou automatiques) ou par inhalation de gaz carbonique dans une fosse.

c) ECHAUDAGE

Les porcs ne sont pas dépouillés à l'instar des bovins. Les carcasses sont passées dans l'eau chaude (60-63°C) ou bien sous des jets de vapeurs (de 6 à 8 minutes), ce qui attendrit la peau et facilite par la suite l'ablation des soies et des onglons.

L'échaudage peut se faire :
* horizontalement par immersion
* verticalement par aspersion d'eau
* verticalement par aspersion de vapeur d'eau.

L'eau utilisée pour l'échaudage est vite souillée de matières fécales car son renouvellement est lent par rapport aux cadences d'abattage élevées. *Campylobacter* semble pouvoir y survivre d'un lot à l'autre, ce qui peut causer la contamination d'un lot sain abattu après le passage d'un lot contaminé (Genigeorgis, 1986). Cet événement reste sans doute relativement rare (Stern et al., 2001) et l'échaudage est globalement une étape qui diminue la contamination des carcasses si l'eau est maintenue à plus de 56°C (Corrégé, 1997). Cet effet bénéfique varie aussi selon le temps de passage dans les bacs.

Ces mêmes éléments sont retrouvés dans le process d'abattage des volailles (Oosterom et al., 1983 ; Oosterom et De Wilde, 1983).

d) EPILAGE

Il consiste à passer les carcasses pendant une minute dans une épileuse équipée de lattes en rotation qui éliminent les soies. Cette étape présente un risque de contamination des carcasses par émission de fécès et par la difficulté de nettoyer et désinfecter correctement cette machine.

En effet, Morgan et son équipe constatent que des matières fécales s'échappent de l'anus pendant l'épilation et mettent en évidence la circulation de *Campylobacter* dans la machine et l'eau (Morgan et al., 1987). Cette observation a été confirmée et la survie de *Campylobacter* évaluée par Gill et Bryant (1993) : leurs travaux montrent qu'au-delà de 60°C, les *Campylobacter* ne survivent pas dans l'eau d'échaudage, mais qu'à cette température, la peau des carcasses est abîmée. Ces auteurs constatent aussi que le lavage des carcasses après épilage, lorsqu'il est pratiqué, est très efficace ; il permet de compenser la contamination de l'eau d'échaudage.

e) FLAMBAGE/ POLISSAGE

Les carcasses passent dans une succession de fours et de flagelleuses.

Plusieurs études ont montré l'effet bactéricide des fours (Borch et al., 1996 ; Rivas et al., 2000 ; De Montzey et al., 2001). Les flagelleuses éliminent les dernières soies, mais, difficiles à nettoyer et à désinfecter de par leur conception, elles peuvent recontaminer les carcasses, annulant ainsi l'effet bénéfique des fours (Borch et al., 1996). C'est pourquoi, dans certains abattoirs, un flambage ultime est mis en place après polissage et avant l'entrée sur la file d'habillage.

Dans une étude en abattoir de porcs, Pearce et son équipe ont analysé 30 carcasses sortant du flambage/polissage : aucune n'était contaminée, alors que dans le même abattoir, 10 carcasses sur 30 étaient contaminées juste après la saignée : la chaleur de l'eau d'échaudage et du flambage réduit donc significativement la contamination des carcasses. Par contre, l'eau circulant dans les épileuses et les flagelleuses était contaminée, ainsi que les déchets issus de ces machines (Pearce et al., 2003).

f) HABILLAGE DES CARCASSES

L'habillage des carcasses correspond à la préparation interne. L'éviscération en est la principale opération. Elle aboutit à l'ablation des viscères abdominaux et thoraciques, exceptés les reins. Elle comporte plusieurs opérations, le plus souvent manuelles, le degré de mécanisation étant très variable suivant les abattoirs. En voici la description :

-       Détourage du rectum au couteau ou grâce à un cylindre tranchant rotatif pneumatique. Ceci peut occasionner une fuite de matières fécales. Pour la pallier, dans certains pays, le rectum est mis dans un sac plastique

-       Fente abdominale manuelle ou automatique

-       Abats blancs (estomacs et intestins) évacués dans des nacelles : cette étape doit être parfaitement maîtrisée par l'opérateur qui doit éviter toute perforation des intestins. Le matériel de ce poste doit être régulièrement désinfecté.

-       Fente sternale

-       Fressure (foie, cœur et poumons) mise sur balancelle

-       Fente dorsale afin d'obtenir deux demi-carcasses, réalisée à la feuille, à la scie, ou à la fendeuse automatique. Cette étape peut occasionner des inter-contaminations d'autant que les abcès vertébraux sont assez fréquents dans l'espèce porcine.

-       Inspection par les services vétérinaires

-       Opérations de finition (levées des pannes, ablation des reins)

-       Pesée des carcasses et mesure de leur Teneur en Viande Maigre (TVM).

A noter que certains abattoirs sont équipés d'une machine à éviscérer automatique. Elle mesure les dimensions des carcasses, puis extrait les viscères abdominaux.

L'éviscération représente l'un des points critiques de la contamination des carcasses. Elle est en effet la principale occasion de contamination fécale des carcasses, qui donne lieu à des contaminations croisées entre la peau, les mains et les instruments des ouvriers (Gannon, 1999). Les fécès, très chargés en *Campylobacter*, peuvent dégouliner lors de l'éviscération sur les carcasses et y demeurer tout au long des opérations suivantes.

L'origine fécale de la contamination des carcasses ne fait aucun doute ; de nombreuses études l'ont démontrée de façon précise en établissant un lien moléculaire entre les isolats de *Campylobacter* contaminant les carcasses et ceux présents dans le tube digestif, et ceci, chez le poulet comme chez le porc (Oosterom et al., 1983 ; Oosterom et De Wilde, 1983 ; Berndtson et al., 1992 ; Weijtens et al., 1997 ; Ono and Yamamoto, 1999).

Une douche pour laver l'intérieur et l'extérieur des carcasses peut pallier partiellement la contamination occasionnée par la rupture accidentelle des viscères (Laisney et Colin, 1993). Dans certains pays, on passe les carcasses à l'acide lactique pour les assainir (Epling et al., 1993).

Tableau V : Contamination des abattoirs de porcs par *Campylobacter spp.*

Pays	Type de prélèvement	Nombre de prélèvements	Pourcentage de positifs	Référence
CARCASSES CHAUDES				
Danemark	carcasses chaudes	600	66,2	Sorensen et Christensen, 1997
Pays-Bas	carcasses dans 3 abattoirs avant réfrigération	210 carcasses	9,0	Oosterom et al., 1985
Canada	carcasses chaudes après éviscération : muscle du cou et vésicules biliaires	463 carcasses	16,9	Lammerding et al., 1988
USA	carcasses après saignée	30	33,3	Pearce et al., 2003
USA	carcasses après polissage	30	0,0	Pearce et al., 2003
USA	carcasses avant refroidissement	30	6,7	Pearce et al., 2003
Québec	diaphragme après éviscération dans un abattoir	200	20,5	Mafu et al., 1989
-	muscles du cou	-	19,6	Finlay et al., 1986
USA	carcasses dans 3 abattoirs avant réfrigération	120 carcasses	12,5	Bracewell et al., 1985
-	carcasses	-	40,0	Hudson, 1979
-	carcasses	-	59,0	Hudson and Roberts, 1981
Angleterre	carcasses	-	56,0	Bolton et Coates, 1983
USA	carcasses	-	28,0	Stern et al., 1981
Norvège	4x24 prélèvements surface interne carcasse	96	29,2	Nesbakken et al., 2002
CARCASSES FROIDES				
USA	carcasses dans 3 abattoirs après réfrigération	-	0,0	Bracewell et al., 1985
Pays-Bas	carcasses dans 3 abattoirs après réfrigération	-	0,0	Oosterom et al., 1985
USA	carcasse une nuit de refroidissement	30	0,0	Pearce et al., 2003
Danemark	carcasses après refroidissement	600	13,8	Sorensen et Christensen, 1997
ABATS				
Nord de l'Angleterre	foies	-	2,5	Bolton et al., 1985
-	foies en fin de process	-	43,0	Rosef et al., 1981
Nord de l'Irlande	foie, immédiatement après éviscération	400	6,0	Moore et Madden, 1998
Norvège	3x24 prélèvements tissus lymphoïdes	72	29,2	Nesbakken et al., 2002

53

Pays	Type de prélèvement	Nombre de prélèvements	Pourcentage de positifs	Référence
EQUIPEMENT/ ENVIRONNEMENT				
Nord de l'Angleterre	couteaux	-	38,0	Bolton et al., 1985
	crochets	-	30,0	
	plans de travail	-	27,0	
France	environnement : eau du bac d'échaudage, soies de l'épileuse, saumure	-	0,0	Colin, 1985
USA	équipement process	30	3,3	Pearce et al., 2003
USA	équipement abattage	42	4,8	Pearce et al., 2003

g) REFRIGERATION

L'abattage et l'habillage sont réalisés à température ambiante. A l'entrée en frigo, les carcasses sont encore à près de 40°C en profondeur et 30°C en surface. Ces températures sont compatibles avec la survie voire la multiplication d'un certain nombre de bactéries. La réfrigération a donc pour objectif de diminuer le plus vite possible la température des carcasses pour arrêter le développement microbien.

La réglementation précise deux exigences en matière de réfrigération (Certiviande, 1995) :

- obtention d'une température à cœur de 20°C après 6 heures de réfrigération
- obtention d'une température à cœur de 7°C après 24 heures de réfrigération.

La phase de réfrigération comporte deux étapes, d'abord un premier ressuage qui consiste à refroidir rapidement les carcasses (plusieurs modalités existent) puis un stockage à 2°C jusqu'à l'expédition ou la découpe.

Tous les auteurs ayant étudié la contamination en *Campylobacter spp.* des carcasses réfrigérées notent de faibles prévalences, bien inférieures à celles trouvées sur carcasses chaudes (Bracewell et al., 1985 ; Oosterom et al., 1985). Tous évoquent pour l'expliquer une forte sensibilité des *Campylobacter* thermotolérants au froid et à la sécheresse (Park et al., 1991 ; Borch et al., 1996 ; Nesbakken et al., 2003).

Le refroidissement est donc un point critique efficace pour la maîtrise de *Campylobacter.*

Bien que peu d'études spécifiques portent sur le process d'abattage des porcs, on peut retenir :

- Des étapes à risque, pouvant entraîner une augmentation de la contamination des carcasses, notamment par *Campylobacter* : c'est l'épilage, mais surtout l'éviscération qui met en jeu le réservoir de *Campylobacter,* c'est à dire le contenu digestif.

- Des étapes qui, au contraire, peuvent assainir les carcasses : l'échaudage et le flambage qui précèdent l'éviscération, et le lavage de la carcasse avant l'entrée en ressuage, ainsi que la réfrigération, qui la suivent.

2. Prévalence de la contamination des carcasses à l'abattoir

Les données chiffrées sur le statut des carcasses à l'abattoir sont limitées, et les prévalences obtenues sont extrêmement variables selon les pays, les auteurs, et le type d'étude. Les protocoles ne sont pas toujours comparables de par la méthode de prélèvement et d'analyse, l'hétérogénéité des pratiques d'abattage, et surtout le type d'échantillons (lieu sur la chaîne, prélèvements de surface ou prélèvement interne). On a en effet vu que certaines étapes occasionnaient une forte contamination ou au contraire la diminuaient. Enfin, l'isolement de *Campylobacter* n'est pas encore standardisé.

Malgré ces considérations, les différents résultats rassemblés dans le tableau V donnent une estimation de la proportion de carcasses contaminées par *Campylobacter spp.* au long de la chaîne d'abattage. Les prévalences sur carcasses chaudes après éviscération, les plus contaminées, oscillent entre 9 et 66,2 %. On peut établir une moyenne de 20 à 30 % de carcasses contaminées.

3. Contamination de l'environnement de l'abattoir

Même si les pourcentages obtenus varient beaucoup, on sait que la contamination du matériel d'abattage est bien réelle, et parfois forte : 38 % des couteaux contaminés d'après Bolton (Bolton et al., 1985). *Campylobacter* a été isolé sur des plateaux à couper, sur les vêtements des employés (Pearce et al., 2003), etc...
Le temps de survie n'a toutefois pas été évalué et l'on ne peut faire que des hypothèses. L'idée la plus répandue est que les *Campylobacter* thermotolérants, qui ne sont pas des germes d'environnement, ne peuvent probablement pas survivre d'un jour à l'autre dans les abattoirs. Leur présence sur le matériel est uniquement liée à la souillure par les matières fécales et un nettoyage correctement réalisé suffit à les éliminer.
L'air est aussi un vecteur de contamination potentiel ; des prélèvements d'air ont été réalisés en abattoir de volailles, et ceux des zones de plumaison et d'éviscération étaient les plus contaminés (AFSSA, 2004).
Des études complémentaires devront être menées pour préciser l'impact de la contamination de l'environnement en abattoir.

4. Niveau de contamination des carcasses

Les quantités de bactéries présentes sur les carcasses n'ont été que très rarement évaluées. On citera l'étude de Gill et Bryant (Gill and Bryant, 1993). Les auteurs y ont comptabilisé les *Campylobacter* sur les carcasses de porcs quittant l'épileuse et juste après le polissage dans deux abattoirs canadiens, et ceci à partir d'échantillons de 100 cm^2 de couenne essuyés au niveau des lombes (N=60). Les résultats donnent pour les carcasses quittant l'épileuse une contamination de 30 à 70 CFU/cm^2 pour l'un des abattoirs, et de 1 à 4 CFU/cm^2 pour l'autre. Les carcasses polies, pour les deux abattoirs, avaient un niveau de contamination compris entre 1 et 4 CFU/cm^2.

Le niveau de contamination apparaît donc globalement faible.

5. Espèces de *Campylobacter* isolées

Sur les carcasses à l'abattoir, et contrairement aux produits carnés porcins commercialisés, il est retrouvé une très forte majorité de *C. coli*, qui, bien souvent, est même la seule espèce isolée. Beaucoup plus occasionnellement, *C. jejuni* et *C. lari* ont été isolés sur des porcs à l'abattoir (Moore and Madden, 1998).

On retiendra :
- Un fort taux de contamination fécale des porcs arrivant à l'abattoir
- Des étapes réduisant cette contamination : échaudage, et surtout flambage
- Une recontamination à l'éviscération et à la préparation des abats et un pourcentage de carcasses chaudes contaminées de l'ordre de 20 à 30 %
- En fin de process, grâce à la réfrigération, une faible contamination, sans rapport avec les taux de portage digestif. *Campylobacter* peut cependant survivre un certain temps au froid et, si la contamination initiale était assez importante, finir sur le produit final (Pearce et al., 2003).
- Globalement, une pauvreté des données disponibles, qui ne permet pas de répondre à toutes les questions quant à la contamination par *Campylobacter spp.* des carcasses de porcs, notamment en ce qui concerne les niveaux de contamination.

ETUDE EXPERIMENTALE

Notre travail a été mené en coopération avec cinq abattoirs. Il fait partie d'une étude plus large sur "l'approche intégrée, de l'élevage à la découpe, de l'appréciation quantitative du danger *Campylobacter* thermotolérants et de persistance du danger dans la filière porcine", menée en collaboration avec l'Institut Technique du Porc (ITP) et le centre technique AERIAL de Strasbourg, et avec l'appui financier de la DGAL (programme AQS R02/06).

Les objectifs de notre étude expérimentale ont été :

- d'évaluer la prévalence du portage intestinal et de la contamination des carcasses en déterminant pour chaque le niveau de contamination et la localisation de cette contamination ;
- d'estimer la diffusion de l'infection des porcs charcutiers par *Campylobacter spp.* en fin d'engraissement dans les élevages français
.

Cette étude fait suite à d'autres travaux portant sur le portage intestinal en *Campylobacter spp.* des porcs vivants en élevage. Leurs résultats indiquant une forte prévalence des animaux porteurs dès la troisième semaine de maternité jusqu'à l'engraissement, il était intéressant de savoir si ce portage se retrouve à l'abattoir et s'il existe une répercussion sur la contamination des carcasses (par contamination croisée avec les matières fécales, notamment lors de l'éviscération).

C'est pourquoi nous avons décidé de réaliser nos prélèvements sur les carcasses venant d'être éviscérées, avant l'entrée en ressuage. Trois types de prélèvements ont été analysés : matières fécales, couenne, et muscle.

Après avoir exposé le matériel biologique utilisé, nous présenterons les différentes techniques d'analyses mises en œuvre, puis les résultats obtenus que nous discuterons dans une dernière partie.

I. MATERIEL

A. ECHANTILLONNAGE ET PROGRAMMATION DES PRELEVEMENTS

Les prélèvements ont été réalisés sur une période de trois mois et demi, de mi-mars à début juillet. Quatre opérateurs étaient présents à chaque série de prélèvement dont nous-mêmes à chaque série, afin d'assurer la bonne reproductibilité dans la conduite des prélèvements.

Pour chaque série, les prélèvements ont eu lieu le lundi pour des raisons pratiques d'organisation et d'étalement sur la semaine du travail lié aux analyses bactériologiques. Les rendez-vous avec les abattoirs étaient pris plusieurs mois à l'avance, et confirmés la semaine précédant notre venue. Les prélèvements étaient acheminés au laboratoire sous couvert du froid positif dans une glacière avec des pains de glace, puis conservés jusqu'à leur analyse dans une chambre froide à 4°C. La mise en culture avait lieu le lendemain, le matin pour les prélèvements des carcasses, et l'après-midi pour les prélèvements fécaux.

L'entrée et la circulation dans les abattoirs se sont toujours effectuées dans des conditions strictes d'hygiène : opérateurs en tenue complète propre (bottes, casques, charlottes), désinfection des mains et des bottes systématique.

Cinq abattoirs du grand Ouest ont participé à l'étude. Il s'agissait d'abattoirs mono-espèce spécialisés porcins pour quatre d'entre eux et d'un abattoir multi-espèce porcins/bovins pour le cinquième. Leur cadence d'abattage allait de 300 à 850 porcs par heure. Les porcs étaient issus d'élevages conventionnels, mâles ou femelles, âgés de cinq à six mois, fournissant une carcasse entre 80 et 110 kg. Ces abattoirs étant partenaires du programme AQS, aucun critère d'inclusion spécifique à cette étude ne leur a donc été affecté. Ils sont représentatifs de la production française dans la mesure où ils réalisent à eux cinq près de la moitié de la production française.

Dans chacun des cinq abattoirs, deux séries de prélèvements ont été réalisées, si possible à suivre, à une ou deux semaines d'intervalle.

B. Prelevements : nature, effectifs, realisation

Deux types de prélèvements ont été réalisés et analysés :
-       des prélèvements effectués sur les carcasses de porcs. Nous les appellerons par la suite et par commodité les prélèvements "carcasse" ;
-       des prélèvements de matières fécales effectués sur le tube digestif des porcs, que nous nommerons prélèvements "fécaux".

Une série de prélèvements comprenait :
-       cinq lots prélevés, correspondants à cinq élevages différents. Lors de la deuxième série dans un abattoir, nous prenions garde à prélever cinq lots différents de la première série de façon à avoir

prélevé, pour un abattoir donné, 50 porcs provenant de dix élevages différents ;
-        dans un lot donné, cinq porcs étaient prélevés ;
-        trois prélèvements étaient effectués par porc : un prélèvement fécal dans le tube digestif, et deux prélèvements "carcasse".

Les lots étaient choisis au hasard et à l'intérieur d'un lot, les porcs étaient choisis au hasard. Nous ne cherchions pas à prélever cinq carcasses consécutives sur la chaîne. Etant donné les cadences d'abattage élevées, nous avons le plus souvent prélevé, à l'intérieur d'un lot, une carcasse sur deux ou sur quatre.
Les matières fécales et les carcasses étaient prélevées juste après l'opération de l'éviscération abdominale et leur inspection par les services vétérinaires.

Au total, pour les 10 séries, le nombre de prélèvements attendus était de 750.

1. Prélèvements de matières fécales

Chaque masse intestinale devant faire l'objet d'un prélèvement était identifiée de la même façon que la carcasse correspondante, puis dérivée après le poste d'inspection par les services vétérinaires, et enfin recueillie dans un bac en plastique propre fourni par l'abattoir.
Le rectum était incisé avec un scalpel stérile, et les matières fécales étaient recueillies à l'aide d'une petite cuillère stérile, puis pesées précisément pour obtenir cinq grammes déposés dans un flacon stérile identifié. 10 ml de bouillon Preston avec des antibiotiques étaient ensuite rajoutés. L'ajout du bouillon Preston avait pour objectif de favoriser la survie des *Campylobacter* thermotolérants tout en inhibant les autres bactéries présentes dans les fécès (Annexe II).
Il est arrivé que le rectum soit vide, le prélèvement a alors été effectué au niveau du caecum selon un mode opératoire identique.

2. Prélèvements "carcasse"

Il s'agissait pour chaque carcasse d'effectuer deux prélèvements de surface, l'un en face interne de la carcasse sur muscle, et l'autre en face externe sur couenne. Les sites retenus ont été la gorge et la bavette (figure 7). Ces sites ont été choisis car les résultats de travaux en cours au laboratoire sur carcasses froides (Mircovitch et al., 2004) ont montré une fréquence significativement supérieure de prélèvements positifs en *Campylobacter* pour ces deux sites.

Les prélèvements de gorges et ceux de bavettes se réalisaient de la même manière : pour chaque site et prélèvement, un gabarit métallique de 5 cm sur 5 cm était appliqué sur le site de prélèvement et servait de patron à une incision au scalpel de la couenne ou du muscle. Le carré ainsi découpé était introduit immédiatement dans un flacon stérile identifié contenant 10 ml de bouillon Preston. Les instruments nécessaires (pince, scalpel, gabarit) étaient systématiquement stérilisés après chaque prélèvement.

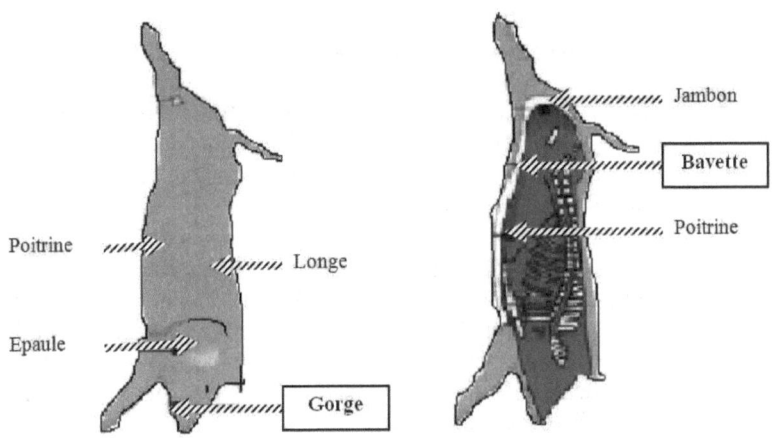

Légende :
Poitrine : *Sites de prélèvement sur carcasses froides (Mircovitch et al., 2004)*

Gorge : *Sites de prélèvement choisis pour notre étude*

Figure 7 : Sites de prélèvements sur les carcasses de porcs *(Source : ITP)*

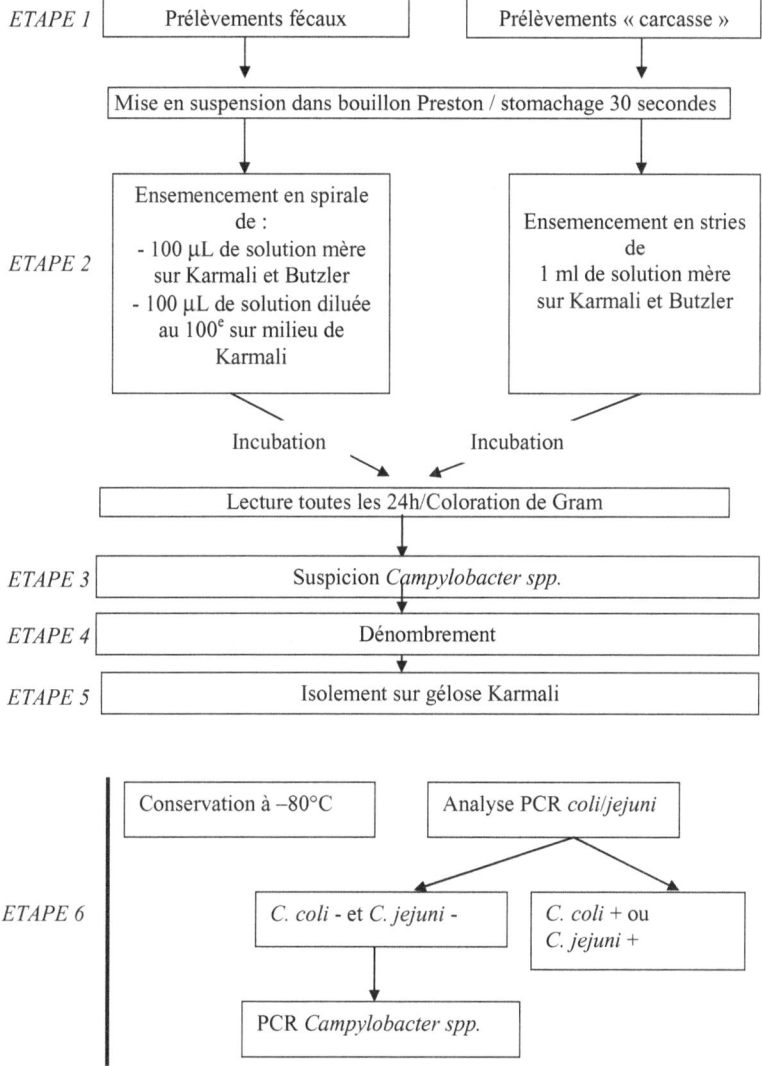

Figure 8 : Etapes du protocole mis en œuvre pour la recherche, le dénombrement, et l'identification des *Campylobacter* thermotolérants dans les prélèvements fécaux et les prélèvements "carcasse"

II. ANALYSES

Les analyses se sont décomposées en trois temps :
- L'analyse bactériologique, aboutissant à la détection et à l'isolement de souches présumées de *Campylobacter spp.*
- L'analyse moléculaire par PCR, visant à confirmer le genre et à identifier l'espèce
- L'analyse des données.

Les analyses bactériologiques ont été faites de mi-mars à mi-juillet 2004. L'analyse statistique a été réalisée en juillet et août 2004.

A. ANALYSE BACTERIOLOGIQUE

Chacun des 250 prélèvements fécaux et des 500 prélèvements "carcasse" a été analysé par une méthode classique de mise en suspension des bactéries dans du bouillon Preston, suivie d'un ensemencement sur géloses sélectives.

Cette analyse a permis la recherche, le dénombrement et l'isolement des *Campylobacter spp.*. Ces différentes étapes sont schématisées sur la figure 8, et numérotées de 1 à 6.

1. Matières fécales

Chaque prélèvement était stomaché pendant 30 secondes après ajout de 10 ml de bouillon Preston ou d'eau peptonée. Le mélange ainsi obtenu a constitué la solution mère.

Pour chaque prélèvement, trois milieux de culture gélosés, préalablement séchés sous étuve pendant une heure, ont été systématiquement ensemencés (étape 2) :
- Une gélose Butzler et une gélose Karmali, avec 100 µl de solution mère ;
- Une gélose Karmali avec 100 µl de la dilution au 100e de la solution mère.

Les ensemencements ont été réalisés en spirale grâce à la machine "EddyJet", qui mesure très précisément la quantité de solution à ensemencer et ensemence selon une spirale très régulière sur la gélose. Ce procédé permet ensuite de dénombrer plus facilement le nombre de colonies ayant poussé sur la boîte.

2. Prélèvements "carcasse"

Chaque prélèvement était stomaché 30 secondes pour obtenir la solution mère, puis était ensemencé sur deux milieux gélosés préalablement séchés sous étuve pendant une heure (étape 2) :
- Une gélose Karmali, avec 1 ml de solution mère, étalé en stries manuellement ;
- Une gélose Butzler, avec 1 ml de solution mère, étalé en stries manuellement.

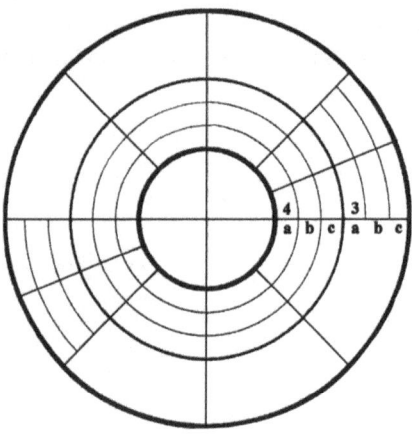

Figure 9 : Disque de comptage utilisé pour les boîtes ensemencées en spirale

3. Incubation

Les boîtes de Pétri ensemencées ont été incubées à 42°C, sous atmosphère microaérophile en jarre, pendant 6 jours maximum. Un vide partiel était fait dans la jarre, puis un mélange gazeux fourni par la société Air Liquide y était injecté :
- 4,985 % d'O_2 (incertitude absolue de 0,1 %)
- 9,87 % de CO_2
- Le reste en N_2.

Le mélange gazeux final obtenu dans les jarres a été estimé à : 10-12 % O_2, 5 % CO_2, 83-85 % N_2.

4. Lecture et détection

Les boîtes ont été observées tous les jours après l'ensemencement.

Un premier examen visuel des colonies était réalisé, après quoi les colonies suspectes étaient étalées sur une lame, colorées à la coloration de Gram, puis observées au microscope. L'aspect des colonies et des bactéries au Gram pouvait conduire ou non à la présomption du genre *Campylobacter* (étape 3). En cas de suspicion, une numération des colonies présentant des caractères morphologiques identiques était réalisée (étape 4).

En l'absence de colonies suspectes au bout de 6 jours, le prélèvement était considéré comme négatif.

5. Dénombrement

Toutes les boîtes présentant des colonies suspectes *Campylobacter* ont été comptées (étape 4). Lorsqu'une gélose présentait peu de colonies (moins d'une cinquantaine), elles étaient comptées directement une à une, par visualisation à travers le couvercle. Lorsque les colonies étaient trop nombreuses pour être comptables, nous avons utilisé une méthode de comptage partiel de la boîte et d'extrapolation par un calcul. Cette méthode particulière de comptage n'était valable que pour les boîtes ensemencées en spirale. Elle repose sur l'utilisation d'un disque de comptage (Figure 9). Ce disque, apposé au couvercle de la boîte de Pétri, permet de délimiter des secteurs restreints sur la surface de la gélose. Le principe est de compter un premier secteur, puis éventuellement un deuxième, troisième, etc, dans un ordre défini de l'extérieur à l'intérieur, jusqu'à atteindre le nombre de 30 colonies. Un calcul d'extrapolation permet ensuite, à partir du dernier secteur compté et du nombre de colonies trouvé, d'obtenir le nombre total de colonies sur toute la boîte.

6. Isolement et conservation

Pour chaque prélèvement positif, une ou trois colonies selon les cas étaient repiquées sur gélose Karmali (étape 5) : pour chaque abattoir, nous avons effectué trois repiquages par boîte positive lors de la première série de prélèvements, et seulement un repiquage par boîte positive lors de la deuxième série.

Les souches isolées ont été conservées à –80°C dans un milieu de conservation à base de glycérol à 20 %.

B. ANALYSE GENETIQUE

Cette analyse (étape 6) a été réalisée par le personnel technique de l'UMR 1014.

1. Identification de l'espèce bactérienne

L'identification de l'espèce bactérienne a fait appel à la méthode de la PCR (Réaction de Polymérisation en Chaîne). La PCR n'a pas été utilisée comme outil de détection, mais comme moyen d'identifier le genre *Campylobacter* et de préciser l'espèce, *C. coli* ou *C. jejuni*.

Elle a été réalisée à partir des colonies purifiées par repiquage, en parallèle des analyses bactériologiques.

Une première PCR pour la recherche de *C. coli* et de *C. jejuni* était réalisée systématiquement sur toutes les souches isolées. Les souches s'avérant négatives étaient alors testées en PCR *Campylobacter spp.*. Quand l'extrait était négatif pour les deux PCR, une mesure de la densité optique était réalisée pour connaître la quantité d'ADN présent dans le prélèvement. La quantité prélevée pour une nouvelle analyse PCR était alors adaptée à la valeur trouvée.

2. Amorces utilisées

a) Recherche de *Campylobacter coli* et *Campylobacter jejuni*

La recherche a été effectuée ici par l'amplification d'une région d'ADN codant pour l'ARN ribosomal 16S au moyen de deux couples d'amorces (Van de Giessen et al., 1998). Les amorces sont les suivantes :
Col 1 : 5'– AGG CAA GGG AGC CTT TAA TC– 3'
Col 2 : 5'– TAT CCC TAT CTA CAA ATT CGC– 3'
Jun 3 : 5'– CAT CTT CCC TAG TCA AGC CT– 3'
Jun 4 : 5'– AAG ATA TGG CAC TAG CAA GAC– 3'

Ces deux couples d'amorces sont spécifiques de *C. coli* et de *C. jejuni*.

b) Recherche de *Campylobacter spp.*

Pour la recherche du genre *Campylobacter*, on amplifiait une région d'ADN codant pour la flagelline A, spécifique de *Campylobacter spp.*.
Les amorces étaient les suivantes :
CPYFLA 1 : 5'– GGA TTT CGT ATT AAC ACA AAT GGT GC– 3'
CPYFLA 1 : 5'– CTG TAG TAA TCT TAA AAC ATT TTG– 3'
Le fragment amplifié compte 1700 paires de bases.

3. Etape d'amplification de l'ADN

Le mélange utilisé pour la réalisation des étapes de dénaturation, d'hybridation et d'élongation a été le suivant :
- Eau
- Tampon PCR 10X (1 mM) : il maintient le pH du milieu au pH optimum de l'enzyme pendant toute la durée de la réaction
- $MgCl_2$ 25 mM (2,5 mM) : l'ion magnésium est un cofacteur de la Taq polymérase
- Les amorces, Col 1, Col 2, Jun 3 et Jun 4 (1 µM pour chacune)
- DNTP (0,1 mM) : c'est une solution contenant les quatre désoxynucléotides triphosphates à la concentration de 10 mM : dATP, dTTP, dGTP, dCTP (SIGMA, D7925)
- Taq polymérase (0,5 unité/25 µL) : c'est une ADN-polymérase stable (SIGMA, D4545).

Ce mélange a été utilisé pour chaque réaction. Les concentrations finales sont indiquées entre parenthèses. Dans chaque tube de PCR, ont été répartis 20 µL de ce mélange ainsi que 5 µL d'échantillon d'ADN. Les tubes ont ensuite été fermés, placés immédiatement à 0°C (glace ou bain froid…), puis introduits dans le thermocycleur (iCycler TM, BIORAD). Le programme était le suivant :

- 94°C, 4 min.
- 94°C, 1 min. ; 54°C, 2 min. ; 72°C, 2 min. (30 cycles)
- Refroidissement et maintien à 4°C.

4. Electrophorèse

L'électrophorèse a été réalisée à la suite des étapes décrites précédemment. Les réactifs utilisés ont été :

- Agarose, servant à réaliser des gels d'agarose à 2 %
- Tampon TAE 1X : TRIS acétate = 0,4 M ; EDTA = 0,001 M ; pH = 6,9. C'est une solution saline utilisée comme solvant pour la réalisation du gel mais aussi comme électrolyte pour l'électrophorèse
- Solution de dépôt : BCP (0,25 %) ; tris hydroxyméthyl aminométhane (50 mM) ; glycérol (50 %) ; acétate de sodium (5 mM). Elle densifie l'échantillon ce qui lui permet de rester au fond des puits. Elle permet également de suivre la migration
- Solution de Bromure d'Ethydium (BET : 6,25 µg/ml) : une goutte de BET est ajoutée pour 50 ml de gel avant de couler celui-ci dans le moule. Le BET a une grande affinité pour les acides nucléiques. Il se fixe entre les bases azotées. Sous illumination UV il fluoresce en orange, ce qui permet la révélation des molécules d'ADN après migration dans le gel d'agarose
- Marqueur de poids moléculaire : il contient 10 molécules d'ADN de tailles différentes allant de 100 paires de bases à 1000 paires de bases (SIGMA 100 bp ladder).

Ces différents réactifs sont ajoutés les uns après les autres de manière très précise. Une solution à 2 % d'agarose dans du TAE 1X est chauffée jusqu'à dissolution complète de l'agarose (solution limpide). Après refroidissement, on ajoute le bromure d'éthydium. Le gel est versé dans le moule, le peigne est positionné et on laisse refroidir jusqu'à complète solidification. Les échantillons peuvent ensuite être déposés. Sur une feuille de parafilm, on mélange par "aspiration-refoulement" 3 µL de solution de dépôt avec 15 µL de chacun des amplifiats. Chaque mélange est déposé dans un puits du gel d'agarose ainsi qu'un marqueur de poids moléculaire. La migration est ensuite réalisée pendant 45 minutes à 100 V et 400 mA. Après migration, le gel est observé sur le trans-illuminateur UV. Les séquences amplifiées apparaissent colorées en orange fluorescent par le BET. Une photographie du gel est réalisée pour conserver l'image du résultat.

Sur chaque gel, à côté des amplifiats à analyser, étaient déposées deux souches de référence pour la recherche de *C. coli* et *C. jejuni* (*C. coli* 70 81 et *C. jejuni* 111 68). L'une des deux souches était utilisée comme témoin positif pour la recherche de *Campylobacter spp.*.

C. Analyse des donnees

Un prélèvement a été déclaré négatif lorsqu'après six jours d'incubation aucune bactérie suspecte n'a été repérée.

Pour les prélèvements déclarés positifs, nous avons défini deux positivités distinctes :

- Le prélèvement est déclaré bactériologiquement positif si on note la présence d'au moins une colonie supposée de *Campylobacter spp.*, sur au moins l'une des boîtes de Petri ensemencées ;

- Le prélèvement est déclaré positif à l'analyse PCR si l'on obtient un signal sur le gel d'électrophorèse identique à celui d'un des deux témoins, *C. coli* ou *C. jejuni*.

a) Prelevements fecaux et prevalence de l'infection des animaux par Campylobacter spp.

Nous avons considéré qu'un animal était porteur digestif de *Campylobacter spp.* lorsque son prélèvement de matières fécales était positif à l'analyse bactériologique, confirmé ou non par l'analyse génétique. Nous avons séparé les résultats suite à l'analyse bactériologique, et les résultats suite à l'analyse PCR car certaines souches positives à l'analyse bactériologique ont été trouvées négatives à l'analyse PCR.

La prévalence de l'infection par *Campylobacter spp.* correspond au pourcentage d'animaux infectés rapporté à la population globale prélevée.

b) Prelevement "carcasse" et prevalence de la contamination des carcasses de porcs

Une carcasse contaminée a été définie comme une carcasse pour laquelle l'un des deux prélèvements (bavette ou gorge), a été trouvé positif. La dichotomie résultats bactériologiques et résultats PCR a été là aussi conservée.

La prévalence de contamination des carcasses correspond au pourcentage de carcasses contaminées rapporté au nombre global de carcasses prélevées pendant l'étude.

c) Denombrement et niveaux de contamination

Le niveau de contamination des matières fécales d'un porc a été obtenu en faisant une moyenne des différentes valeurs trouvées pour chaque boîte de Petri ensemencée positive. Il pouvait donc y avoir une, deux ou trois valeurs. Si une ou deux boîtes étaient négatives, elles n'entraient pas dans le calcul (pas de valeur égale à zéro).

Le niveau de contamination moyen de l'ensemble des prélèvements fécaux était obtenu en faisant la moyenne des valeurs trouvées pour chaque porc infecté par *Campylobacter spp.*.

Le niveau de contamination de la gorge d'un porc a été obtenu en faisant une moyenne des différentes valeurs trouvées pour chaque boîte ensemencée positive. Il pouvait donc y avoir une ou deux valeurs. Si une des deux boîtes était négative, elle n'entrait pas dans le calcul (pas de valeur égale à zéro).

Le niveau de contamination de la bavette d'un porc a été obtenu selon le même principe.

Le niveau de contamination d'une carcasse a été défini comme la moyenne entre le niveau de contamination de la bavette et celui de la gorge si les deux étaient positifs. Lorsque seulement un des deux prélèvements "carcasse" était positif, le niveau de contamination de ce prélèvement était assimilé au niveau de contamination de la carcasse.

Le niveau moyen de contamination de l'ensemble des prélèvements "carcasse" a été obtenu en faisant la moyenne entre toutes les valeurs des bavettes et des gorges positives.

Les niveaux de contamination après analyse bactériologique ont été déterminés à partir de tous les milieux gélosés positifs bactériologiquement. Pour les niveaux de contamination après analyse PCR, nous avons exclu des calculs les prélèvements négatifs à la PCR.

d) ANALYSE STATISTIQUE

L'analyse statistique a été réalisée au moyen des logiciels informatiques Excel et SAS. Plusieurs variables ont été étudiées : "animal infecté par *Campylobacter spp.*", "carcasse contaminée par *Campylobacter spp.*", "gorge contaminée par *Campylobacter spp.*", et "bavette contaminée par *Campylobacter spp.*". Ces variables dites qualitatives (oui/non) ont été transformées en variables pseudo-quantitatives (0 ou 1), et ont été étudiées deux fois, selon les résultats bactériologiques et selon les résultats PCR.

Pour quantifier le niveau de contamination, quatre variables quantitatives ont été étudiées : "nombre de *Campylobacter* dans les matières fécales", "nombre de *Campylobacter* sur carcasses", "nombre de *Campylobacter* sur bavettes" et "nombre de *Campylobacter* sur gorges".

Ces variables ont été étudiées grâce à l'application du test du Chi^2 en tant que test d'indépendance afin de mesurer l'influence de différents facteurs sur la contamination : abattoir, élevage d'origine, séries de prélèvements, etc...La seule condition pour l'application de ce test est que les effectifs théoriques doivent être supérieurs ou égaux à cinq.

Le test de Student-Newman-Keuls (SNK), calculé à partir de l'analyse de variance, a été utilisé pour comparer les groupes entre eux. Cela permet de différencier les groupes homogènes (seuil de 5 %), auxquels on attribue une lettre identique. Deux groupes différents au seuil de 5 % sont affectés d'une lettre différente. Il est ainsi facile visuellement de distinguer sur une figure ou dans un tableau les groupes statistiquement différents de ceux qui ne le sont pas.

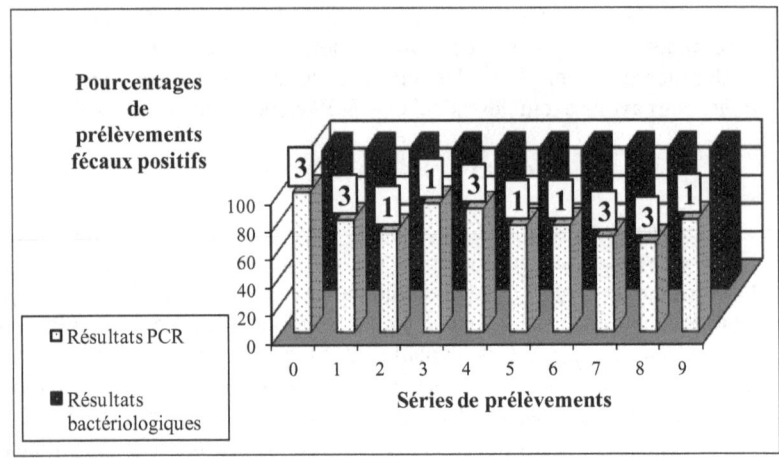

Légende : L'étiquette $\boxed{1}$ indique que pour cette série, une seule souche par prélèvement a été analysée par PCR. L'étiquette $\boxed{3}$ indique que pour cette série, 3 souches par prélèvement ont été analysées par PCR

Figure 10 : Pourcentage de prélèvements fécaux déclarés positifs après analyse bactériologique et analyse PCR en fonction des 10 séries de prélèvement

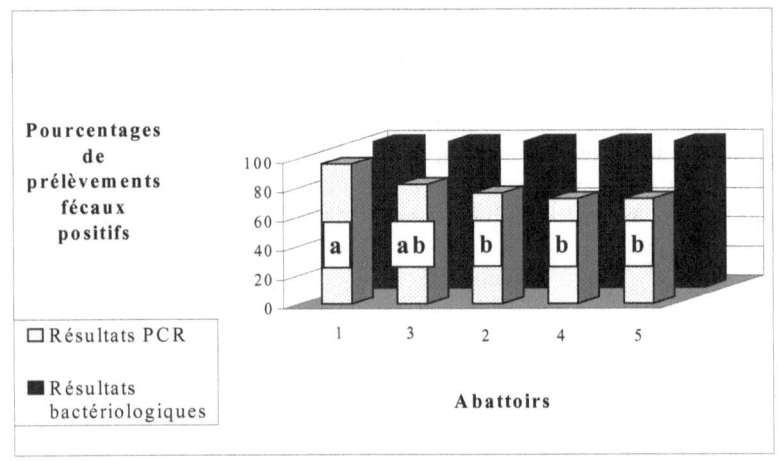

Légende : Les lettres en minuscules différentes expriment une différence significative de la variable au seuil de 5 %-test SNK

Figure 11 : Pourcentage de prélèvements fécaux déclarés positifs après analyse bactériologique et analyse PCR en fonction des cinq abattoirs analysés

III.RÉSULTATS

A. CONTAMINATION DES MATIERES FECALES DES PORCS

Dans l'ensemble, en dépit de la nature polycontaminée des prélèvements fécaux, les colonies présumées de *Campylobacter* ont été facilement repérées et isolées. Des contaminants (champignons, bacilles) ont été parfois observés, essentiellement sur les géloses Butzler.

1. Espèces bactériennes identifiées

Un total de 500 souches provenant de 250 prélèvements fécaux bactériologiquement positifs a été analysé par PCR. Les résultats sont les suivants :
- Pour 199 prélèvements, les souches correspondantes ont été identifiées *Campylobacter coli* ;
- Aucune n'a été identifiée *Campylobacter jejuni* ;
- Pour 51 prélèvements, il a été impossible d'identifier l'espèce : les PCR *coli/jejuni*, puis *Campylobacter spp.* sont restées négatives. Nous avons procédé à des tests biochimiques sur une vingtaine de ces souches non identifiées, sans résultat.

La proportion de souches non identifiées était significativement différente entre abattoir : elle était plus importante pour les abattoirs 2, 4 et 5, plus faible pour l'abattoir 1, et intermédiaire pour l'abattoir 3. En revanche, le fait d'analyser une ou trois souches par prélèvement n'est pas du tout intervenu (Figure 10).

2. Prévalence en *Campylobacter*

Pour les 10 séries, tous les prélèvements fécaux, soient 250, ont été déclarés bactériologiquement positifs, alors que 199 sur 250, soit 80 %, ont été déclarés positifs par PCR.

La prévalence après analyse bactériologique ne change pas entre les abattoirs puisqu'elle est égale à 100 %. *A contrario*, la prévalence après analyse PCR, c'est à dire la prévalence en *Campylobacter coli* varie de 72 à

96 % selon les abattoirs. Ainsi, l'abattoir 1 recevait significativement plus de porcs infectés, et les abattoirs 2, 4 et 5 en recevaient moins (Figure 11).

Nous n'avons pas mis en évidence d'effet statistique de la série de prélèvement sur la prévalence en *Campylobacter*. De même, le fait d'analyser une ou trois souches par prélèvement n'a pas eu d'influence sur les résultats (Figure 10).

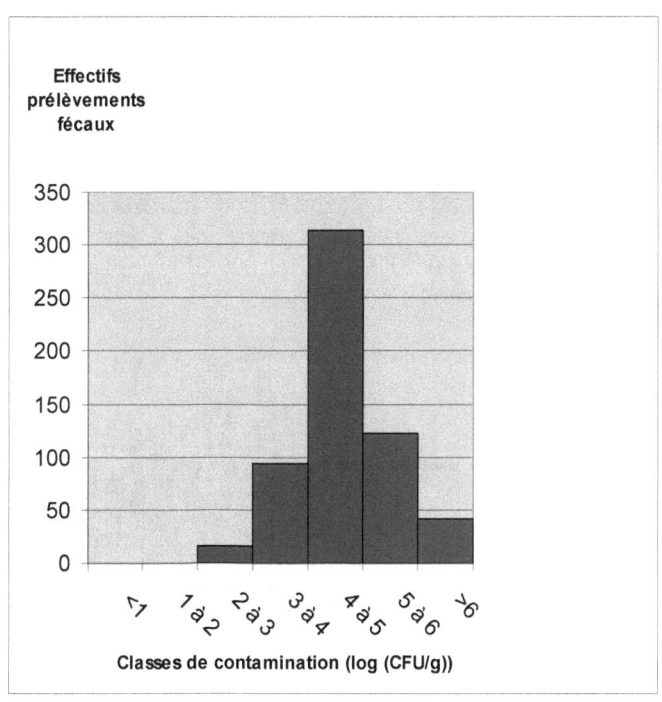

Figure 12 : Répartition des niveaux moyens de contamination en
Campylobacter coli **des prélèvements fécaux**

3. Niveau de contamination en *Campylobacter coli*

Les valeurs de niveau de contamination changent peu entre les résultats bactériologiques et les résultats PCR. En conséquence, dans ce paragraphe, nous ne traiterons que du niveau de contamination en *Campylobacter coli* en exploitant exclusivement les résultats après analyse PCR.

Le niveau moyen de contamination des matières fécales par *Campylobacter coli* est de 4,6 log(CFU/g de matières fécales), soit 40 000 CFU/g (Figure 12). Les valeurs moyennes des niveaux de contamination des lots ont varié de 5 000 CFU/g à 260 000 CFU/g (Figure 13).

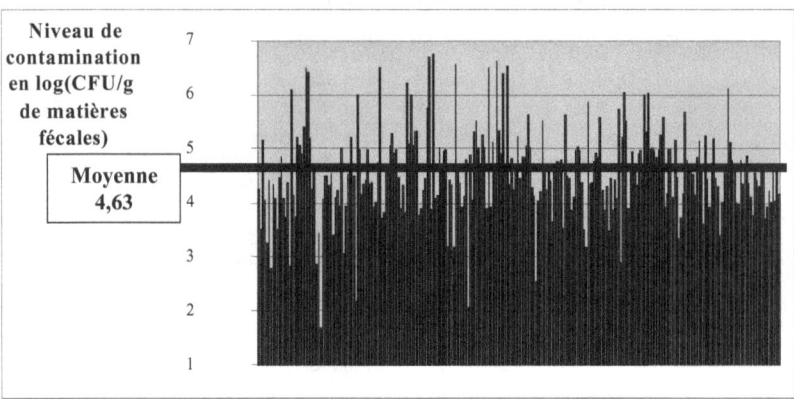

Figure 13 : Répartition des niveaux de contamination en *Campylobacter coli* des matières fécales des 199 porcs positifs

Les effets série de prélèvement et lot n'étaient pas statistiquement significatifs (Figure 14).

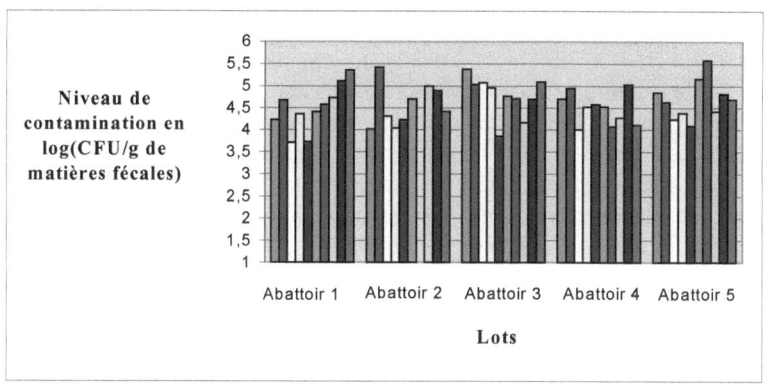

Figure 14 : Répartition des niveaux moyens de contamination en *Campylobacter coli* des matières fécales de porc par lot et en fonction des abattoirs

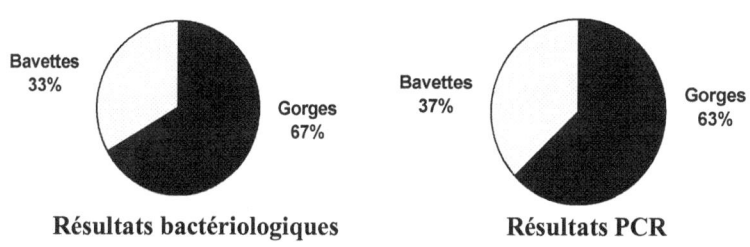

Résultats bactériologiques   Résultats PCR

Figure 15 : Proportion relative de bavettes et de gorges contaminées (n=250 ; n=250)

B. CONTAMINATION DES CARCASSES DE PORCS

Sur les cultures provenant des prélèvements "carcasse", les contaminants étaient plus nombreux. Les colonies de *Campylobacter spp.* ont été plus difficiles à détecter. Par ailleurs, la détection n'intervenait jamais avant 48h, parfois même après 72h. Les aspects macroscopiques des colonies et microscopiques des *Campylobacter spp.* colorés au Gram, étaient plus diversifiés que pour les matières fécales.

1. Espèces bactériennes identifiées

Pour les 10 séries de prélèvements, 154 souches provenant de 72 prélèvements déclarés bactériologiquement positifs ont été isolées et analysées par PCR. L'analyse PCR a révélé 51 souches, provenant de 43 prélèvements, identifiées *Campylobacter coli*. Aucune souche de *Campylobacter jejuni* n'a été identifiée. Le reste des souches, issues de 29 prélèvements "carcasse", sont restées non identifiées. Là encore, les tests biochimiques mis en œuvre n'ont pas permis d'identifier ces souches morphologiquement ressemblantes à *Campylobacter*, mais négatives aux PCR *C. coli*, *C. jejuni*, et *Campylobacter spp.*.

Si l'on considère séparément bavettes et gorges, le décalage entre analyse bactériologique et analyse PCR n'est pas significativement différent entre abattoir.

2. Prévalence en *Campylobacter*

Sur les 500 prélèvements "carcasse" (gorges et bavettes confondues), 72 étaient bactériologiquement positifs, soit 14 %. Ceci correspond à une prévalence de carcasses contaminées de 23 % (58 sur les 250 prélevées).

Sur les 72 prélèvements analysés par PCR, 43 provenant de 38 carcasses ont été confirmés *Campylobacter coli* par PCR, soit seulement 60 %. Ceci donne 8,6 % des prélèvements et 15 % des carcasses positives à la PCR.

Sur l'ensemble des résultats bactériologiques, les gorges étaient significativement plus souvent déclarées contaminées (p=0,002 d'après le test d'indépendance du Chi^2) (Figure 15) : 19 % des gorges (48 sur 250), contre 9,6 % des bavettes (24 sur 250).

D'après les résultats PCR, on retrouve la prédominance des gorges contaminées sur les bavettes, même si la différence entre les deux types de prélèvement est moins importante que d'après les résultats bactériologiques (Figure 15).

38 carcasses étaient contaminées par *Campylobacter coli* :
- pour 6 d'entre elles, le prélèvement bavette et le prélèvement gorge étaient positifs tous les deux
- pour 22, seul le prélèvement gorge était positif
- pour 10, seul le prélèvement bavette était positif.

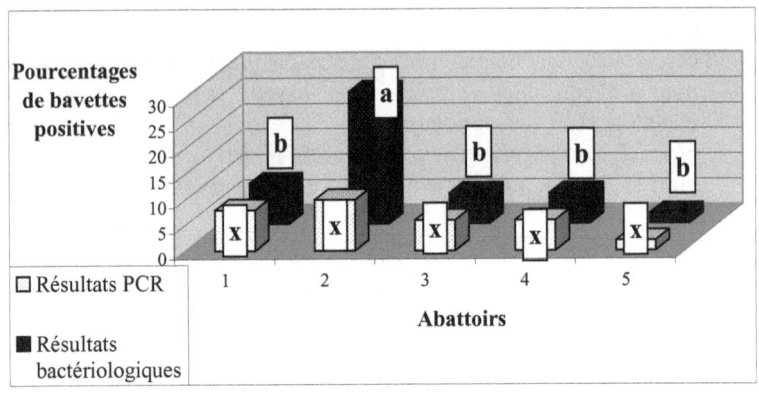

Légende : *Les lettres en minuscules différentes expriment une différence significative de la variable au seuil de 5 %-test SNK*

Figure 17 : Pourcentage de bavettes contaminées en fonction des cinq abattoirs analysés après analyse bactériologique et analyse PCR

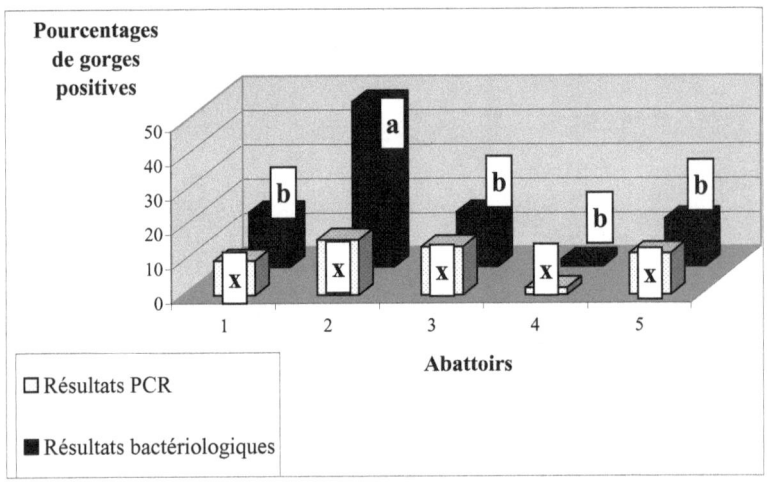

Légende : *Les lettres en minuscules différentes expriment une différence significative de la variable au seuil de 5 %-test SNK*

Figure 18 : Pourcentage de gorges contaminées en fonction des cinq abattoirs analysés après analyse bactériologique et analyse PCR

a) EFFET ABATTOIR ET EFFET SERIE

- Carcasses

D'après les résultats bactériologiques, les prévalences sont significativement différentes selon les abattoirs : l'abattoir 2 comptait plus de carcasses contaminées que les autres. Mais cet effet n'est statistiquement significatif après les analyses PCR qu'au seuil de 22 % (Figure 16). Les souches n'ayant pu être identifiées par PCR étaient donc plus nombreuses pour l'abattoir 2.

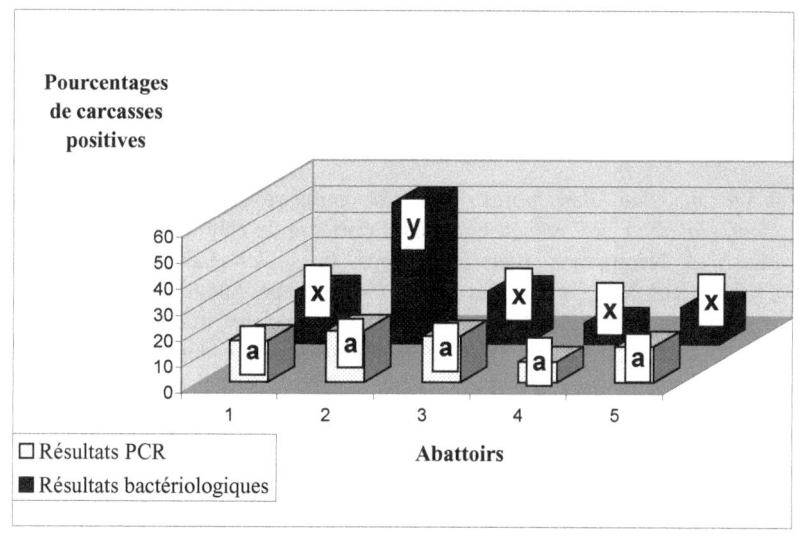

Légende : *Les lettres en minuscules différentes expriment une différence significative de la variable au seuil de 5 %-test SNK*
Figure 16 : Pourcentages de carcasses positives après analyse bactériologique et analyse PCR en fonction des cinq abattoirs analysés

- Bavettes

L'effectif très réduit des bavettes contaminées incite à la prudence quant aux interprétations statistiques. Si l'on considère les résultats bactériologiques, les taux de contamination sont significativement différents entre abattoir. Cet effet n'est plus statistiquement significatif à la lecture des résultats PCR (Figure 17).

- Gorges

Pour les gorges, les différences de prévalence entre abattoirs sont un peu plus marquées que pour les bavettes. Là encore, elles sont significativement différentes seulement pour les résultats bactériologiques (Figure 18).

Pour les bavettes comme pour les gorges, et seulement pour les résultats bactériologiques, l'abattoir 2 se démarque, avec des prévalences plus élevées.
Pour un même abattoir, il n'y a pas d'effet statistique significatif de la série sur la contamination trouvée, ni des carcasses, ni des bavettes, ni des gorges.

b) EFFET ANIMAL SUR LA CONTAMINATION DES CARCASSES EN *CAMPYLOBACTER COLI*

La majorité des porcs dont la carcasse était contaminée par *Campylobacter coli* étaient également porteurs de cette bactérie au niveau intestinal. Néanmoins, pour cinq porcs, *Campylobacter coli* n'a pas été détecté dans les matières fécales alors que leur carcasse a été déclarée positive (au niveau de la gorge pour trois d'entre eux, et de la bavette pour les deux autres). Le test du Chi^2 ne montre pas de dépendance entre la contamination des carcasses et celle des matières fécales (p=0,21) (Tableau VI).

Tableau VI : Nombre de porcs en fonction du statut de positivité en *C. coli* de leurs matières fécales et carcasses (résultats PCR)

	Prélèvement "carcasse" positif	Prélèvement "carcasse" négatif
Prélèvement fécal positif	33	165
Prélèvement fécal négatif	5	47
TOTAL : 250		

84

3. Niveaux de contamination en *Campylobacter coli*

Nous laisserons de côté dans ce paragraphe les résultats bactériologiques pour ne prendre en compte que les prélèvements "carcasse" confirmés *Campylobacter coli* par la PCR.

- Carcasses

La moyenne de contamination, tout prélèvement confondu, était de 0,36 log(CFU/cm^2), soit 2,3 CFU/ cm^2.

Il n'y a pas d'effet abattoir statistique significatif au seuil de 5 % sur le niveau de contamination des carcasses, ni d'effet série. L'effet de l'ordre de prélèvement des lots n'était pas non plus significatif.

Nous avons de plus observé que les carcasses les plus contaminées n'étaient pas issues de lots de porcs particulièrement plus infectés que la moyenne, ni en prévalence, ni en niveau de contamination.

- Bavettes et gorges

Les gorges étaient significativement plus contaminées que les bavettes (Figure 19), avec :
- Pour les bavettes, une moyenne de 1,4 CFU/cm^2
- Pour les gorges, une moyenne de 3 CFU/cm^2

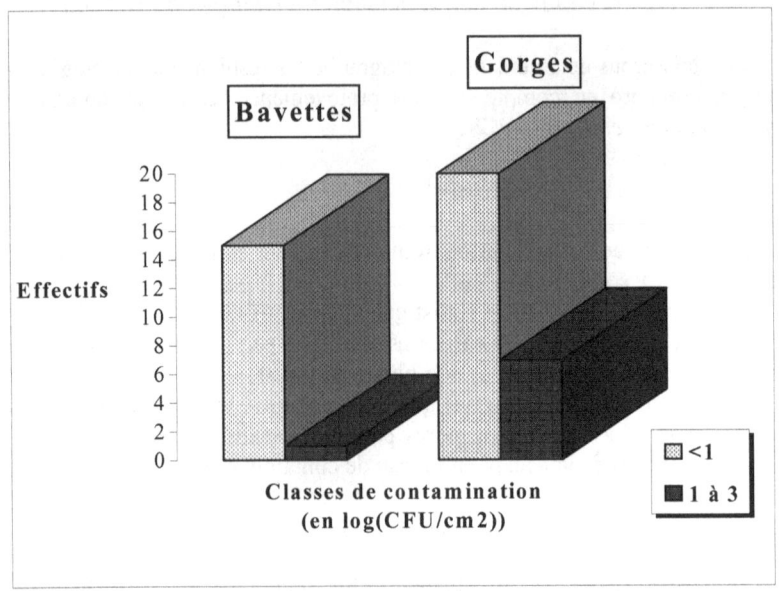

Figure 19 : Effectifs des bavettes et des gorges positives en *Campylobacter coli* **en fonction du niveau de contamination**

Les résultats n'ont pas mis en évidence une quelconque influence de la série de prélèvement ou du lot sur le niveau de contamination des bavettes ou des gorges. Enfin, les niveaux de contamination des bavettes et des gorges ne sont pas significativement différents d'un abattoir à l'autre.

C. EFFET DU MILIEU DE CULTURE EMPLOYE

1. Matières fécales

Pour les matières fécales, le milieu Karmali s'est révélé plus performant pour détecter la présence ou non de *Campylobacter*. En effet, des colonies de *Campylobacter spp.* ont été détectées sur tous les milieux Karmali ensemencés par des prélèvements fécaux, contrairement aux milieux Butzler.

De plus, nous avons significativement compté plus de colonies de *Campylobacter* par prélèvement sur milieu Karmali que sur milieu Butzler (Figure 20).

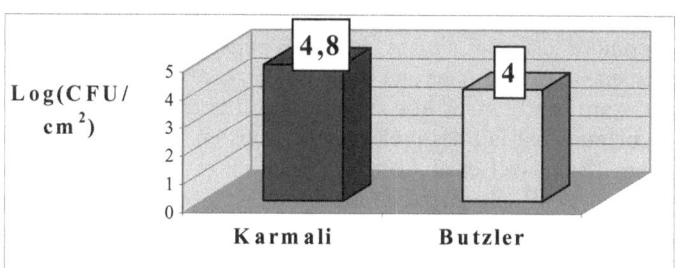

Figure 20 : Nombre moyen de colonies comptées sur milieux Karmali (n=246) et Butzler (n=193) lors de la détection à partir des matières fécales

2. Carcasses

Pour les prélèvements "carcasse", les milieux Karmali et Butzler ont été complémentaires pour détecter la présence de *Campylobacter* : pour certains prélèvements, seul le milieu Butzler donnait un résultat positif, pour d'autre, c'était le milieu Karmali. A la différence des matières fécales, les dénombrements obtenus sur milieu Karmali et Butzler ne sont pas statistiquement différents.

IV. DISCUSSION

A. VALIDITE DES DONNEES

1. Echantillonnage

Les cinq abattoirs de l'étude étaient situés dans le grand Ouest dans plusieurs régions et départements, non loin des gros bassins d'élevage. Ajouté à leur forte capacité de production, ceci a permis d'obtenir une large représentation des élevages de l'Ouest de la France, avec une dispersion géographique et un nombre important (50) d'élevages prélevés. C'était de plus des abattoirs classiques pour les pays industrialisés avec une succession échaudage- épilage – flambage sur une chaîne d'abattage partiellement mécanisée.

Le nombre d'abattoirs dans lesquels nous avons échantillonné nos prélèvements est élevé pour une étude de ce genre. En effet, la plupart des auteurs ayant travaillé sur la contamination des porcs par *Campylobacter* thermotolérants ont fait des prélèvements dans un unique abattoir, trois au maximum (Bracewell et al., 1985 ; Oosterom et al., 1985 ; Sorensen et Christensen, 1997). De même, le nombre de 250 carcasses prélevées place notre étude parmi les plus importantes réalisées (avec celles de Lammerding et son équipe (1988, 463 carcasses) et de Sorensen et Christensen (1997, 600 carcasses)), la majorité des études ayant porté sur 30 à un maximum de 100 carcasses.

2. Choix des prélèvements

Pour le site des prélèvements fécaux, le rectum a été préféré au caecum, plus habituellement prélevé pour sa plus grande richesse en flore bactérienne. La raison de ce choix tient au fait que lors de l'éviscération, c'est au niveau du rectum que le tube digestif est incisé. Les matières fécales qui s'y trouvent sont donc plus facilement et fréquemment susceptibles de couler et de contaminer la carcasse. Au contraire, une contamination par les matières fécales du caecum ne peut être que le résultat d'une erreur manifeste de l'opérateur (coup de couteau, ouverture du caecum) qui va alors dans la plupart des cas doucher la carcasse. De plus, prélever au niveau du rectum permet des comparaisons plus faciles avec les études en élevages de porcs.

Les études sur les *Campylobacter* thermotolérants et les carcasses sont relativement rares, et rien de semblable n'avait jamais été réalisé en France à notre connaissance. De même, le statut de dangerosité est mal connu sur le produit en fin de tuerie, avant l'entrée en ressuage. C'est pourquoi nos prélèvements "carcasse" ont été réalisés en fin de chaîne d'abattage, les carcasses étant dérivées juste avant leur entrée en chambre froide de ressuage. Nous souhaitions par là même avoir une image globale du procédé d'abattage comprenant notamment les opérations les plus critiques, comme celles de l'éviscération, mais également les contaminations croisées éventuelles.

Prélever au niveau des bavettes et des gorges nous a permis d'avoir une indication sur la contamination interne des carcasses- avec les bavettes -, et sur leur contamination externe - avec les gorges. Nous introduisions aussi une opposition entre la couenne (avec la gorge) et le muscle (avec la bavette). En effet, il semble que la capacité de survie de *Campylobacter* sur ces deux surfaces soit différente (Laroche et al., 2004).

Le choix d'effectuer les prélèvements sur les deux sites particuliers des bavettes et des gorges a été guidé par une étude menée au laboratoire sur carcasses froides, et dont les premiers résultats indiquent que ces deux sites sont les plus fréquemment contaminés (Mircovitch et al., 2004). Nous avions ainsi les deux sites les plus "efficaces" dans la détection des *Campylobacter* sur la carcasse. De plus, pour 32 animaux, seul un des deux prélèvements "carcasse" a été déclaré positif, ce qui montre l'utilité de ne pas prélever sur un site unique.

Les prélèvements de surface de 25 cm^2 avec excision sont ceux recommandés pour le contrôle libératoire des produits finis. Les faibles niveaux de contamination trouvés ici sur carcasse montrent que prélever une surface plus petite aurait certainement diminué la sensibilité de notre détection. L'avantage de l'excision sur le chiffonnage, plus souvent utilisé, n'a jamais été démontré pour la recherche de *Campylobacter spp.*. Quoiqu'il en soit, nous souhaitions avant tout nous placer dans les conditions de prélèvements réalisés par les industriels.

3. Influence des techniques d'analyses sur les résultats

Dans notre étude, les prélèvements ont systématiquement fait l'objet d'une analyse bactériologique suivie d'une analyse moléculaire par PCR.

a) ANALYSE BACTERIOLOGIQUE

L'absence de prélèvement fécal négatif confirme la très forte prévalence en *Campylobacter* des matières fécales de porcs. La présence de prélèvements "carcasse" négatifs, et un contrôle régulier par des boîtes témoins permettent d'exclure un problème de contamination par le laboratoire.

Bien que les *Campylobacter* thermotolérants soient de mauvais compétiteurs, nous n'avons globalement pas eu de problème pour les identifier sur les géloses, même à partir de prélèvements poly-contaminés.

De fait, l'analyse bactériologique s'est révélée sensible étant donné le grand nombre de prélèvements trouvés positifs, du moins pour les prélèvements fécaux.

Cette bonne sensibilité s'explique notamment par l'utilisation de deux milieux sélectifs, le milieu Karmali et le milieu Butzler. Ils sont décrits dans la littérature comme ayant la meilleure sélectivité. L'association de ces deux milieux s'est révélée judicieuse, surtout pour les carcasses : en effet pour certains prélèvements, seul un des deux milieux, soit Butzler, soit Karmali, était trouvé positif. L'utilisation de plusieurs milieux augmente donc la sensibilité de l'analyse bactériologique. Nous rejoignons en cela les conclusions d'autres études (Patton et al., 1981 ; Bolton et Coates, 1983 ; Whyte et al., 2003 ; Koene et al., 2004). Pour les matières fécales, Karmali s'est montré plus sensible : ce milieu a été trouvé positif pour tous les prélèvements alors que certains Butzler sont restés négatifs. Koene et son équipe (2004) notent aussi la supériorité du milieu Karmali sur deux autres milieux sélectifs pour détecter plusieurs espèces à partir d'un seul prélèvement fécal de chien.

Le fait de prendre 5 grammes de matières fécales après incision du rectum a aussi participé à l'obtention d'un bon seuil de sensibilité, et a fait disparaître l'inconvénient de l'écouvillonnage avec lequel on n'obtient pas toujours suffisamment de fécès (Leroux, 2003), et qui interdit la quantification de la matière prélevée. De même, on a vu que la taille des prélèvements "carcasse" était adaptée aux faibles niveaux de contamination. En revanche, l'objectif de dénombrement nous a interdit d'employer les techniques pourtant très utilisées d'enrichissement, qui aurait encore augmenté la sensibilité de la détection des *Campylobacter*, en particulier pour les prélèvements "carcasse" (Madden et al., 2000).

Pour ces derniers en effet, nous avons rencontré plus de difficultés de détection : l'abondance de contaminants, en particulier de moisissures, a pu masquer certaines colonies de *Campylobacter,* toujours en très petits nombres sur les géloses. De plus, les *Campylobacter* isolés des carcasses, sans doute soumis à des stress importants, poussaient beaucoup moins vite que ceux retrouvés dans les prélèvements de matières fécales.

b) ANALYSE PCR

Pour identifier les espèces de *Campylobacter*, nous n'avons pas utilisé les tests biochimiques qui ne sont pas toujours très fiables, beaucoup moins en tout cas que la PCR. Entre autres exemples, des études ont en effet montré que des souches de *C. jejuni* ne réagissaient pas au test de l'hippurate (Totten et Patton, 1987 ; Nicholson et Patton, 1993), et que la sensibilité à l'acide nalidixique n'était plus un bon critère de reconnaissance du genre en raison de l'augmentation des résistances à cet antibiotique (Payot et al., 2004 (a et b)). De plus en plus de chercheurs préfèrent donc la PCR, même si certains utilisent encore des méthodes biochimiques et immunologiques pour confirmer le diagnostic bactériologique (Pearce et al., 2003). Ces tests biochimiques sont par ailleurs plus lourds techniquement à réaliser sur un grand nombre de souches que la PCR.

Rappelons que l'analyse PCR n'est pas encore, à l'heure actuelle, praticable en routine directement sur les prélèvements de matières fécales ou de carcasses. Il faut passer par des cultures en souches pures, comme nous l'avons fait, pour obtenir un bon seuil de sensibilité.

La PCR est une technique théoriquement très spécifique ; cette spécificité est étroitement liée à la qualité des amorces. Dans notre cas, nous nous sommes heurtés à un fort décalage entre résultats bactériologiques et résultats PCR. Un nombre important de souches présentant les critères morphologiques et culturaux des *Campylobacter* thermotolérants ont été négatives à la PCR. A noter que le même problème a été rencontré au laboratoire lors d'expérimentations antérieures sur le portage des porcs en élevage, mais la proportion de souches non identifiées était moindre (seulement 7,5 % des souches non confirmées par PCR dans l'étude de Leroux (2003)). Pour les prélèvements "carcasse", nous avons constaté que les souches non identifiées étaient plus nombreuses dans l'un des abattoirs, alors que sur les animaux leur nombre n'était pas plus élevé. Peut être dans cet abattoir ces souches proviennent-elles d'une autre source ou encore que la dissémination de ces souches, provenant du tube digestif, a été favorisée par un procédé moins maîtrisé. Cette deuxième hypothèse nous semble la plus probable au vu des résultats de la contamination des carcasses par les *Campylobacter* également plus élevée (bien que non statistiquement différente au seuil de 5 %).

Deux hypothèses peuvent être envisagées quant à la nature de ces souches non identifiées :

• Elles peuvent correspondre à des *Arcobacter*, morphologiquement très proches des *Campylobacter,* et très présents aussi chez le porc. Ainsi, Harmon et Wesley (1996) en trouvent dans 40 % des matières fécales de 1100 porcs en bonne santé, et Ohlendorf et Murano (2002) en trouvent sur 32 % de carcasses à l'abattoir.

• On peut aussi avoir à faire à des souches de *Campylobacter* atypiques ou inhabituelles pour lesquelles les amorces que nous avons utilisées dans la PCR *Campylobacter spp.* n'étaient pas spécifiques. On sait en effet que, d'une façon générale, dans le genre *Campylobacter*, les réarrangements génétiques sont fréquents *in vitro* et *in vivo* (De Boer et al., 2002), aboutissant à une grande diversité génétique entre souches (Ahmed et al., 2002), y compris à l'abattoir (Hiett et al., 2002).

Malheureusement, faute de temps, aucune de ces deux hypothèses n'a pu être vérifiée ou infirmée. L'hypothèse des *Arcobacter* nous semble cependant la plus vraisemblable. En effet, d'autres études (Pearce et al., 2003 ; Sorensen et Christensen, 1997 ; Pezzotti et al., 2003) ont aussi isolé ces souches "*Campylobacter*-like", non identifiables au rang des espèces *C. coli* et *C. jejuni*, et sans que leur identification ait été poussée plus loin. Une analyse PCR avec les amorces du genre *Arcobacter* actuellement disponibles devrait permettre dans un premier temps d'avancer dans l'identification de ces souches. Mais il faut se rappeler que le genre *Arcobacter* est phylogénétiquement très proche du genre *Campylobacter*, et que nous avons affaire à des souches sauvages. Seul le séquençage partiel et pertinent d'un effectif de ces souches permettra de les identifier réellement.

4. Dénombrement

Le dénombrement sur matières fécales et surtout sur carcasse était la principale originalité de notre étude. De fait, dans la littérature scientifique, nous n'avons trouvé que de rares données concernant les niveaux de contamination de *Campylobacter* thermotolérants chez le porc. Et lorsqu'elles existent, ces données sont souvent semi-quantitatives, donc peu précises et impossibles à comparer entre elles, car subjectives. Enfin, aucune donnée quantitative de *Campylobacter* sur le porc n'a jamais été publiée en France.

Le dénombrement apporte une information intéressante sur l'importance de la contamination des carcasses et permet ainsi de mieux apprécier le risque. Stern et son équipe ont en effet montré sur les produits alimentaires que la seule information "absence ou présence" de *Campylobacter* ne permettait pas de prévoir le risque de campylobactériose ; pour cela, la connaissance des niveaux de contamination, bas ou élevés, est nécessaire (Stern et al., 2003). De plus, en dénombrant *Campylobacter spp.* dans les matières fécales et sur les carcasses, nous avons pu comparer les niveaux de contamination sur ces deux types de prélèvements et ainsi mieux caractériser le lien entre le portage digestif et la contamination des carcasses.

Pour pouvoir dénombrer, le recours à l'ensemencement en spirale s'est révélé très efficace : il a permis d'ensemencer de petites quantités de prélèvements de matières fécales avec une grande précision et une grande homogénéité sur la gélose. C'est ce qui a permis le comptage des colonies en dépit d'un niveau de contamination très important de ces prélèvements. Avec une méthode classique d'étalement manuel en solution mère, et sans séchage préalable des milieux gélosés, un problème de nappage des boîtes (Leroux, 2003) serait apparu. Cependant, notre méthode de dénombrement reste peu précise, l'incertitude étant évaluée à 0,5 log(CFU). Nous avons jugé que la perte en *Campylobacter* entre la prise d'échantillon et l'ensemencement des milieux de culture était négligeable par rapport à l'imprécision du comptage. De plus, le biais, s'il existait, était constant entre les séries de prélèvements, les délais d'attente étant toujours sensiblement les mêmes.

B. CONTAMINATION FECALE IMPORTANTE ET QUASI-EXCLUSIVE PAR *C. COLI*

1. Contamination exclusive par *C. coli*

Cette étude a conduit à l'identification dans les matières fécales d'une seule et unique espèce de *Campylobacter* : *Campylobacter coli*. Aucune souche de *Campylobacter jejuni* n'a été identifiée, et 20 % des souches n'ont pu être identifiées, ni par nos amorces PCR de *Campylobacter spp.,* ni par des tests biochimiques.

Campylobacter coli est classiquement décrit comme l'espèce principale rencontrée chez le porc : aussi bien en France à l'abattoir (Dromigny et al., 1985 ; Rossero et al., 1999) et en élevage (Magras et al., 2004 (a et b)), que dans de nombreux pays du monde (Ono et Yamamoto, 1999 ; Weijtens et al., 1999 ; Pearce et al., 2003). Cette constatation est généralement expliquée par l'adaptation étroite de *C. coli* au porc, alors que *C. jejuni* serait plutôt adapté à la volaille. En France, la stricte séparation des deux filières, assez fréquente dès l'élevage et au moins jusqu'à la distribution, rend certainement aussi moins improbable des échanges et des contaminations croisées entre les deux productions. Ceci peut être différent dans d'autres régions du monde, selon la structure des filières et les systèmes d'abattage, voire les traitements antibiotiques différents en élevage comme l'illustre l'équipe de Pezzotti, en 2003, qui trouve plus de

C. coli que de *C. jejuni* sur les poulets en Italie. La situation peut aussi évoluer dans le temps. Ainsi, en France, il est rapporté actuellement une forte augmentation des isolats de *C. coli* en élevages de poulets (Kempf, 2004).

Des études ont déjà rapporté la présence de *C. jejuni* dans le tube digestif des porcs (Hudson and Roberts, 1981 ; Sticht-groh, 1982 ; Finlay et al., 1986 ; Young et al., 2000 ; Harvey et al., 2000). Ceci peut être expliqué par un problème de technique d'identification des souches. En effet, beaucoup utilisent des tests biochimiques pour identifier les espèces. Mais il peut aussi exister de réelles différences de la prévalence *coli/jejuni* selon les élevages et les pays.

C. lari a occasionnellement été isolé sur des porcs, notamment dans le foie (Moore et Madden, 1998) et dans les matières fécales de porcs charcutiers en élevage (Young et al., 2000).

2. Fréquence du portage digestif

Quelle que soit la catégorie des résultats retenue, bactériologique ou PCR, le portage digestif des porcs de l'étude est très fréquent avec plus de 80 % des porcs concernés. La plupart des travaux comparables en abattoir ces vingt dernières années font aussi état de forts taux de portage digestif allant de 50 à 100 %, et ceci dans plusieurs pays du monde et pour des prélèvements sur caecum aussi bien que sur rectum (Rosef et al., 1983 ; Mafu et al., 1989 ; Weijtens et al., 1993 ; Ono et Yamamoto, 1999 ; Centre des zoonoses du Danemark, 2001 ; Pearce et al., 2003 ; Pezzotti et al., 2003). Des études divergentes existent cependant, comme celle d'Aquino et son équipe, qui, sur 100 porcs abattus au Brésil, ne trouvent que 9 % des prélèvements de matières fécales contaminées (Aquino et al., 2002).

Les études de par le monde sur le portage digestif des porcs en élevage montrent une certaine variabilité, qu'il est logique de retrouver au niveau des abattoirs. De plus, des différences de techniques d'analyses peuvent jouer, notamment dans les études anciennes menées avec des outils de détection et d'identification moins sensibles qu'aujourd'hui. La culture de *Campylobacter* reste délicate, même avec les méthodes performantes mises au point depuis une vingtaine d'années.

Néanmoins, on peut conclure, dans la majorité des cas, à un fort portage fécal de *Campylobacter* par les porcs à leur arrivée à l'abattoir, comparable à ce qu'on observe dans la filière volailles où des pourcentages de plus de 90 % de portage digestif ne sont pas rares (Pezzotti et al., 2003).

Les études en élevage de porcs montrent que le portage fécal est déjà important chez les porcelets (Weijtens et al., 1997 ; Young et al ., 2000 ; Blanloeuil, 2002 ; Leroux, 2003), et qu'il augmente entre la naissance et l'abattage vers 5-6 mois. Ainsi, au fil du temps, dans un élevage, l'infection à *Campylobacter*, bien loin de disparaître, s'étend avec la contamination progressive d'animaux restés sains. Il était intéressant de savoir si en France, cette contamination par *Campylobacter spp.* est largement présente dans les différents élevages.

Dans notre étude, les approvisionnements des abattoirs étudiés couvraient une large zone de la production porcine française de l'ouest de la France mais aussi de l'est puisque, dans le cadre du programme AQS, un abattoir a été étudié dans cette région (étude AQS, résultats non montrés). L'effectif de cinq porcs par élevage, bien que réduit, nous a permis, au vue de la prévalence attendue estimée de 80 %, de déterminer le statut infecté des élevages analysés. Nos résultats nous permettent donc d'obtenir cette idée du paysage général de l'infection des élevages français par *Campylobacter*. A ce titre, nous pouvons confirmer une large diffusion de l'infection par *Campylobacter spp.* dans les élevages porcins français et à l'intérieur d'un élevage, puisqu'en moyenne quatre porcs sur cinq étaient porteurs de *C. coli*. La contamination des porcs durant le transport et l'attente à l'abattoir n'a pas été évaluée ici. Elle pourrait, à l'image de ce qui se passe avec les Salmonelles, intervenir. Mais plusieurs éléments et quelques résultats chez les bovins ne vont pas dans le sens d'un effet majeur du transport et de l'attente en abattoir sur le niveau d'excrétion des *Campylobacter*. En effet, nous constatons sur les porcs étudiés des niveaux de contamination très importants, de l'ordre de 40 000 *Campylobacter* en moyenne par gramme de fécès. Ceci semble peu compatible avec une contamination récente (moins de quatre heures avant la réalisation de nos prélèvements) du tube digestif des animaux. D'autre part, des travaux chez des génisses, dont les durées de transport jusqu'à l'abattoir et d'attente en bouverie étaient respectivement de 6 heures et de 12 heures, n'ont montré aucun effet significatif de ces étapes sur l'excrétion dans les matières fécales des animaux de *Campylobacter* (Minihan et al., 2004). Il semble donc que la contamination des porcs mesurée dans notre étude à l'abattoir est bien le reflet d'une contamination en élevage et l'hypothèse selon laquelle cette contamination interviendrait très précocément chez les porcelets (Laroche et al., 2004 ; Magras et al., 2004 (a et b)) et se maintiendrait à une prévalence élevée dans l'élevage nous apparaît bien plus vraisemblable.

Le statut des élevages français ne semble pas avoir évolué vis-à-vis de la contamination par *Campylobacter spp.* puisqu'en 1985, Dromigny et son équipe trouvaient déjà 70 % de porcs porteurs sur 100 porcs abattus, et Colin (1985) un peu plus de 50 % (N=58). L'absence de plan de maîtrise ciblé sur *Campylobacter spp.* en est certainement la raison.

Si nos résultats montrent des taux de portage intestinal en *Campylobacter* globalement élevés, ils montrent aussi une disparité, faible mais existante, entre les élevages que nous avons pu assez grossièrement évaluer ici au travers des approvisionnements des cinq abattoirs. Ceci reflète certainement l'existence de facteurs d'élevage, qu'il serait intéressant d'étudier dans des travaux ultérieurs.

3. Contamination importante

Dans notre étude, les matières fécales prélevées comptaient plus de 40 000 *Campylobacter* en moyenne par gramme de fécès, ce qui représente un niveau de contamination important mais normal dans le contexte d'une flore commensale. Ce résultat recoupe ceux de Harvey et Anderson (1999), et de Young et son équipe (2000), qui rapportent des niveaux de contamination de 5 à 6 log(CFU) chez le porc adulte. Oosterom et son équipe (1985) trouvent une moyenne plus faible de 4 000 CFU/g, mais la méthode de dénombrement de cette étude n'est pas décrite et probablement différente de la nôtre. A noter que des chiffres similaires sont avancés chez le poulet (Stern et al., 2002).

Plusieurs études amènent à la constatation que ce niveau de contamination des adultes, entre 3 et 6 log(CFU) par gramme de matière fécale, est un peu plus faible que celui des porcelets. Leroux (2003) fait cette observation à partir d'une méthode semi-quantitative, et Young et son équipe notent une contamination fécale de l'ordre de 7,25 log(CFU/g) chez les porcelets sevrés, contre 5 log(CFU) chez les adultes (N=152). Ceci a encore été rapporté par d'autres études (Matsusaki et al., 1986 ; Weijtens et al., 1993 ; Weijtens et al., 1997) et chez d'autres espèces comme le poulet (Achen et al., 1998) ou la mouette (Newell et Fearnley, 2003). Les auteurs divergent pour expliquer ce phénomène : une auto-limitation de l'infection liée à une immunité acquise est évoquée par Newell et Fearnley (2003), mais un biais de comptage pourrait aussi être à la source de la différence adulte/jeune.

Quoi qu'il en soit, les niveaux de contamination de *Campylobacter spp.* dans les matières fécales de porc sont élevés, surtout comparés à la dose infectante (quelques centaines de cellules) qui est largement dépassée avec moins d'un gramme de fécès. Les matières fécales représentent donc une voie et une source de contamination potentiellement dangereuses dont il conviendrait d'évaluer l'impact réel.

C. CONTAMINATION DES CARCASSES

1. Contamination exclusive par *C. coli*

100 % des prélèvements de carcasses contaminées l'étaient par *Campylobacter coli*. Aucune souche de *C. jejuni* n'a été isolée, et 6 % des souches n'ont pas pu être identifiées par nos amorces de PCR *Campylobacter spp.* ni par les tests biochimiques mis en place.

La large dominance de *C. coli* est conforme aux résultats de la plupart des travaux, même si beaucoup ne font pas la différence entre *C. coli* et *C. jejuni* : Bracewell (1985, N=15) et Epling et son équipe (1993, N=225) n'identifient que des *C. coli*, et l'équipe de Pearce trouve 73 % des prélèvements « carcasse » contaminés par *C. coli*. Pour expliquer l'absence d'autres espèces de *Campylobacter* sur les carcasses de porc, il faut tenir compte du fait qu'à ce niveau de transformation, il n'y a pas, ou exceptionnellement, de contaminations croisées (autres que celles liées au process : outils, surfaces de travail...) avec d'autres réservoirs de *Campylobacter,* comme les viandes de volailles. La source majeure de contamination des carcasses à ce stade de la filière est donc majoritairement constituée par les matières fécales des porcs contaminées par *C. coli*.

2. Taux de contamination

Dans notre étude, entre 15 et 23 % des carcasses étaient contaminées. Certains résultats obtenus sur carcasses chaudes sont assez proches des nôtres : Bracewell trouve en 1985 une prévalence de 12,5 % (N=120) ; Pearce et son équipe en 2003 trouvent 6,7 % (N=30) ; Lammerding et son équipe (1988) et Oosterom et son équipe (1985) obtiennent respectivement des pourcentages de 16,9 % (N=463) et 9 %. Cependant, une étude réalisée au Danemark sur 600 carcasses se démarque, avec 66 % de fréquence de contamination (Sorensen et Christensen, 1997). La fourchette de résultats expérimentaux est donc assez large, reflétant, outre de réelles diversités de contamination selon les pays et les périodes, des protocoles, des prélèvements et des méthodes d'analyses assez hétérogènes. C'est pourquoi nous laissons de côté des études anciennes du début des années 80, qui font état de contaminations des carcasses beaucoup plus fréquentes.

Le taux de contamination des carcasses de notre étude est moyen par rapport aux données bibliographiques, plutôt un peu plus élevé que la plupart des résultats. Cependant, il reste bien faible par rapport à ce que l'on trouve en abattoir de poulets, où les prévalences sont régulièrement de plus de 50 % à l'abattoir (Jones et al., 1991), voire de plus de 80 % (Berndtson et al., 1992 ; Conner et al., 2001), et ceci, alors que la prévalence est la même sur les animaux en vie, avec les mêmes niveaux de contamination dans le tube digestif (Stern et al., 2002). En conséquence, la viande de poulet au détail est beaucoup plus contaminée que la viande de porc avec des prévalences de 60-80 % (Rosef et al., 1984 ; Izat et Gardner, 1986 ; Hood et al., 1988 ; Lam et al., 1992 ; Flynn et al., 1994 ; Skirrow et Blaser, 1995). Cette différence est régulièrement attribuée par les auteurs à des conditions plus défavorables à la bonne maîtrise de l'hygiène en abattoir de volailles qu'en abattoir de porcs (Stanley et Jones, 2003). D'autres éléments peuvent aussi jouer : dans une étude en 2003, Solow constate que la viabilité de *C. coli* et *C. jejuni* est la même sur la viande de porc et de poulet (Solow et al., 2003), mais que la survie est meilleure sur poulet ; ceci non à cause d'une plus grande sensibilité des bactéries sur les carcasses de porcs (Laroche et al., 2004), mais par un effet matrice lié d'une part aux différences de structures de la peau (celle du poulet est plus crevassée, offrant des abris aux traitements physiques), et d'autre part à un process d'abattage différent, produisant plus d'humidité, influençant la présence d'autres espèces de bactéries, etc...

Nous avons vu précédemment que la contamination des carcasses était probablement essentiellement une contamination par des souillures fécales directe ou indirecte (via le matériel) lors du procédé d'abattage. Bien que l'effet abattoir observé n'était statistiquement significatif qu'à 22 %, nous pensons qu'il existe. Les procédés d'éviscération différents dans chaque abattoir, à la fois dans la réalisation des gestes et dans le degré variable d'automatisation de l'opération, influent sur la fréquence de contamination des carcasses, et expliquent en partie les variations entre abattoir. La cadence et l'hygiène générale sont des facteurs tout aussi importants. Miller (1997) avance une explication complémentaire à l'effet procédé d'abattage sur la contamination des carcasses : il met en évidence que les porcs ayant été privés de nourriture plus longtemps avant abattage (six heures) sont moins souvent contaminés ensuite. Le poids plus faible des viscères entraînerait moins de risque de rupture lors de l'éviscération. De plus, dans cette même étude, la ligature du tube digestif s'avère efficace. Aucun des abattoirs que nous avons étudiés n'avait recours à cette pratique.

Les contaminations croisées entre carcasses et entre carcasses et matériels, constituent certainement un phénomène important. En effet, certaines observations nous laissent penser qu'une carcasse donnée peut être contaminée par les souillures et matières fécales d'un autre animal. Ainsi, cinq carcasses dans notre étude étaient contaminées en *Campylobacter coli* alors que les prélèvements fécaux correspondants étaient négatifs. De plus, nous avons observé que les carcasses les plus contaminées n'étaient pas issues de lots de porcs particulièrement plus infectés que la moyenne, ni en prévalence, ni en niveau de contamination. Des pulsotypages des souches isolées permettront peut-être de donner d'autres arguments en faveur des contaminations croisées, et de préciser leur fréquence.

La plus grande fréquence de contamination des gorges observée était attendue. Les gorges sont en effet en position basse et à l'extérieur de la carcasse ; cette région recueille donc les différents fluides coulant de la carcasse, et entre plus facilement en contact avec le matériel et les carcasses voisines sur la chaîne d'abattage. Pearce obtient le même type de résultats avec des échantillons de cou plus contaminés que le ventre (Pearce et al., 2003). Bien que les bavettes, à l'intérieur des carcasses, soient plus protégées, nous avons mis en évidence leur contamination. Il peut donc y avoir des projections de matières fécales à cet endroit, ou plus probablement des contacts avec l'extérieur des demi-carcasses voisines, ou encore une contamination indirecte par contact avec du matériel contaminé (machines, couteaux…) (Pearce et al., 2003).

3. Niveaux de contamination

Peu de références bibliographiques sur ce sujet existent. L'étude de Gill et Bryant (1993) donne des niveaux de contamination de l'ordre de 1 à 70 CFU par cm^2 pour les carcasses quittant l'épilage, et de 1 à 4 CFU/cm^2 pour les carcasses flambées puis polies. Les ordres de grandeur sont donc cohérents avec nos propres résultats, qui sont en deçà de 10 *Campylobacter* par cm^2. Dans notre étude, les gorges se sont avérées significativement plus contaminées que les bavettes. Cette observation est sans doute à relier à la position déclive des gorges favorisant d'une part, des contacts plus fréquents et plus appuyés avec les surfaces de la chaîne d'abattage (quai, rebord des goulottes, etc…), et d'autre part, la réception de tous les écoulements provenant de la carcasse (eau de nettoyage lorsque des souillures fécales ont été observées, éclaboussures de l'eau de nettoyage utilisée pour nettoyer les tabliers du personnel, etc...). Pour les bavettes, la localisation anatomique de ce site (en face interne de la carcasse) et la position de la carcasse font qu'il peut être souillée lors d'erreur ou d'accident intervenant lors des opérations d'éviscération, notamment lors de la section du rectum.

Quel que soit le prélèvement, la quantité de *Campylobacter spp.* présente sur les carcasses est faible, voire très faible. Elle est sans commune mesure avec la contamination des matières fécales, même compte tenu de la faible précision du comptage. Il y a donc une forte perte de la charge en *Campylobacter* entre les matières fécales dans les intestins, et la carcasse. Cette perte est sans doute due :

- Aux bonnes pratiques d'hygiène et à des raisons mécaniques : dans tous les procédés, nous avons constaté que lors d'accident d'éviscération ou d'observation de souillures fécales, les opérateurs douchent la zone souillée. Ces fréquents lavages à l'eau et la simple gravité éliminent donc une grande partie des fécès qui n'adhèrent pas facilement à la surface lisse des carcasses de porcs.

- Au stress thermique occasionné par la différence entre la température interne du rectum et la température de surface des carcasses qui pourrait suffire à tuer un grand nombre de *Campylobacter*. Les quelques prises de température que nous avons réalisées sur les carcasses prélevées montraient des températures de surface de 25 à 28°C. Or on sait que ces températures ne sont pas favorables à la survie des *Campylobacter* thermotolérants (Solow et al., 2003).

- Au stress oxydatif : les *Campylobacter* sont très sensibles à l'oxygène auquel ils sont brutalement et fortement exposés à la surface des carcasses.

Ces différents stress qui peuvent exister lors du ressuage, pourraient expliquer aussi la diminution des prévalences de carcasses contaminées observée en chambre froide (Laroche et al., 2004 ; Mircovitch et al., 2004). Cependant, la présence éventuelle de VNC sur les carcasses, indétectable par les méthodes bactériologiques que nous avons utilisées, ne peut être écartée.

En conclusion, la forte diminution du niveau de contamination en *Campylobacter* sur les carcasses par rapport aux matières fécales indique un procédé d'abattage maîtrisé des porcins, relativement peu favorable à une diffusion de la contamination par *Campylobacter*.

CONCLUSION

Les études antérieures à la nôtre montrent d'une part une forte contamination des porcs arrivant à l'abattoir par les *Campylobacter* thermotolérants, et d'autre part une contamination des carcasses, parfois élevée, et ce, dans de nombreux pays du monde. Les données épidémiologiques sont cependant parcellaires, notamment à l'abattoir où les niveaux de contamination et les facteurs de variation sont peu connus. En France, ces données sont absentes ou partielles et très anciennes. Or le nouveau règlement européen N° 2160/2003 du 17 novembre 2003, soulève la nécessité d'une étude épidémiologique européenne coordonnée sur les *Campylobacter* thermotolérants.

Notre étude menée sur 250 porcs charcutiers et leur carcasse (gorge et bavette) avant l'entrée en ressuage a confirmé la forte prévalence, de 80 à 100 %, de l'infection par *Campylobacter spp.* des animaux arrivant à l'abattoir. Les 50 élevages représentés dans notre étude étaient tous infectés, avec de faibles différences de prévalence entre eux. Les carcasses de ces porcs se sont avérées contaminées par *Campylobacter spp.* à hauteur de 15 à 23 %, les gorges étant deux fois plus contaminées que les bavettes.

Sur les carcasses comme dans les matières fécales des porcs, seul *C. coli* a été isolé alors que *C. jejuni* ne l'a jamais été. Ces résultats, obtenus par des techniques d'analyses conventionnelles complétées par une technique PCR adaptée, sont conformes aux données de la littérature.

Alors que le portage intestinal est relativement homogène sur l'ensemble des élevages, il apparaît que le procédé d'abattage influence la contamination des carcasses. En effet, la moindre contamination des carcasses par rapport au portage intestinal, en terme de prévalence et de niveau de contamination, tient à de bonnes pratiques d'abattage et à la bonne hygiène générale des différentes opérations. Néanmoins, l'existence de contaminations croisées et de défaillances dans l'hygiène des opérations d'éviscération est mise en évidence dans notre étude par l'existence de porcs non porteurs, dont la carcasse était contaminée. Des études futures de génotypage devraient permettre de mieux préciser l'origine de ces contaminations, et leur importance relative.

La détermination des niveaux de contamination du portage intestinal des animaux et de la contamination en surface de leur carcasse apporte un élément épidémiologique original et nécessaire à une analyse du risque. Bien que le contenu digestif, avec en moyenne 43 000 CFU/g de matières fécales, apparaisse comme une source abondante de *Campylobacter spp.*, hautement infectante pour l'Homme, les carcasses sont, elles, très faiblement contaminées (2,3 CFU/ cm^2 en moyenne). Ceci montre qu'un procédé d'abattage maîtrisé n'est pas très favorable à une forte contamination des carcasses de porcs et peut-être à la survie même des *Campylobacter*.

A l'avenir, des études sur l'impact des *Campylobacter* thermotolérants en filière porcine devront être mises en œuvre dans plusieurs directions : identifier des facteurs d'élevage, mieux connaître la survie et l'influence des stress sur *Campylobacter spp.*, et poursuivre l'analyse quantitative du risque au niveau des produits commercialisés.

REFERENCES BIBLIOGRAPHIQUES

Achen M., Morishita T.Y., Ley E.C. (1998). "Shedding and colonization of *Campylobacter jejuni* in broilers from day-of-hatch to slaughter age". Avian dis. **42** : 732-737

Adak G.K., Long S.M., O'Brien S.J. (2002). " Intestinal infection : Trends in indigenous foodborne disease and deaths". Gut. **51** : 832-841

Agence de santé publique du Canada. "Incidence des maladies à déclaration obligatoire". On line : URL : http://dsol-smed.hc-sc.gc.ca/dsol-smed/ndis/c_time_f.html

Agence Française de Sécurité Sanitaire des Aliments (2004). "Appréciation des risques alimentaires liés aux *Campylobacter*. Application au couple poulet/*C. jejuni*". 96 p.

Ahmed I.H., Manning G., Wassenaar T.M., Cawthraw S., Newell D.G. (2002). "Identification of genetic differences between two *Campylobacter jejuni* strains with different colonization potentials". Microbiology. **148** (4) : 1203-1212

Alderton M.R., Peter V.K., Coloe P.J., Dewhirst F.E., Paster B.J. (1995). "*Campylobacter hyoilei sp.* nov., associated with porcine proliferative enteritis". International Journal of Systematic Bacteriology. **45** (1) : 61-66

Aquino M.H.C., Filgueiras A.L.L., Ferreira M.C.S., Oliveira S.S., Bastos M.C., Tibana A. (2002). "Antimicrobial resistance and plasmid profiles of *Campylobacter jejuni* and *Campylobacter coli* from human and animal sources". Letters in Applied Microbiology. **34** : 149-153

Babakhani F.K., Joens L.A. (1993). "Primary swine intestinal cells as a model for studying *Campylobacter jejuni* invasiveness". Infection and Immunity. **61** (6) : 2723-2726

Beach J.C., Murano E.A., Acuff G.R. (2002). "Prevalence of *Salmonella* and *Campylobacter* in beef cattle from transport to slaughter". Journal of Food Protection. **65** (11) : 1687-1693

Beery J.T., Hugdahl M.B., Doyle M.P. (1988). "Colonization of gastrointestinal tracts of chicks by *Campylobacter jejuni*". Applied and Environmental Microbiology. **54** (10) : 2365-2370

Begue P., Broussin B., Carros I., Vu Thien H. (1989). "Pathologie intestinale à *Campylobacter*". Médecine et Maladies Infectieuses. **19** : 48-54

Berndtson E., Tivemo M., Engvall A. (1992). "Distribution and numbers of *Campylobacter* in newly slaughtered broiler chickens and hens". International Journal of Food Microbiology. **15** : 45-50

Black R.E., Levine M.M., Clements M.L., Hughes T.P., Blaser M.J. (1988). "Experimental *Campylobacter jejuni* infection in humans". Journal of Infectious diseases. **157** (3) : 472-479

Blanloeil C. (2002). "Evaluation du portage digstif en *Campylobacter* thermotolérant des porcs charcutiers au stade de la maternité". Th. Méd. Vét. Nantes, 85 p.

Bolton F.J., Coates D. (1983). "A comparison of microaerobic systems for the culture of *Campylobacter jejuni* and *Campylobacter coli*". Journal of Clinical Microbiology. **Avril** : 105-110

Bolton F.J., Dawkins H.C., Hutchinson D.N. (1985). "Biotypes and serotypes of thermophilic *Campylobacter* isolated from cattle, sheep and pig offal and other red meats". Journal of Hygiene of Cambridge. **95** : 1-6

Borch E., Nesbakken T., Christensen H. (1996). "Hazard identification in swine slaughter with respect to foodborne bacteria". Int. J. Food Microbiol. **30** : 9-25

Bracewell A.J., Reagan J.O., Carpenter J.A., Blankenship L.C. (1985). "Incidence of *Campylobacter jejuni/coli* on pork carcasses in the Northeast Georgia area". Journal of Food Protection. **48** (9) : 808-810

Butzler J.P, et al. (1973). "Related vibrio in stools". J. Pediatr. **82** : 493-495

Butzler J.P., Oosterom J. (1991). "*Campylobacter* : pathogenicity and significance in foods". International Journal of Food Microbiology. **12** : 1-8

Buzby J.C., Allos M.B., Roberts T. (1997). "The Economic Burden of *Campylobacter*-Associated Guillain-Barré Syndrome". The Journal of Infectious Diseases. **176** (Suppl 2) : S192-197

Cappelier J-M., Magras C., Jouve J-L., Federighi M. (1999). "Recovery of viable but non-culturable *Campylobacter jejuni* cells in two animal models". Food Microbiology. **16** : 375-383

Centre des zoonoses du Danemark. (2000). "Annual report on zoonoses in Denmark". On line : URL : http://zoonyt.dzc.dk/annualreport2000/003.html

Certiviande (1995). "Guide de bonnes pratiques hygiéniques en abattage et découpe de porc, Paris" Certiviande, 2000. 49 p.

Clark A.G., Bueschkens D.H. (1985). "Laboratory infection of chicken eggs with *Campylobacter jejuni* by using temperature or pressure differentials". Applied and Environmental Microbiology. **49** (6) : 1467-1471

Colin P. (1985). "*Campylobacter jejuni* dans les abattoirs de porc". Sciences des Aliments. **5** (hors série IV) : 127-132

Conner D.E., Davis M.A., Zhang L. (2001). "Poultry-borne pathogens : plant considerations". Poultry meat processing. A. R. Sams (ed.), C. R. C. Press L. L. C., Boca Raton, Fla. : p. 141

Cools I., Uyttendaele M., Caro C., D'Haese E., Nelis H.J., Debevere J. (2003). "Survival of *Campylobacter jejuni* strains of different origin in drinking water". J Appl Microbiol. **94** (5) : 886-892

Corrégé I. (1997). "Incidence des opérations d'abattage et de découpe de porcs sur la contamination par *Listeria monocytogenes*". Viandes et produits carnés. **18** : 275-282

Corry J.E. L., Atabay H.I. (2001). "Poultry as a source of *Campylobacter* and related organisms". Journal of Applied Microbiology. **90** : 96S-114S

De Boer E., Hahne M. (1990). "Cross-contamination with *Campylobacter jejuni* and *Salmonella spp.* from raw chicken products during food preparation". Journal of Food Protection. **53** (12) : 1067-1068

De Boer P., Wagenaar J.A., Achterberg R.P., Van Putten J.P.M., Schouls L.M., Duim B. (2002). "Generation of *Campylobacter jejuni* genetic diversity *in vivo*". Molecular Microbiology. **44** (2) : 351-359

De Cesare A., Sheldon B.W., Smith K.S., Jaykus L.A. (2003). " Survival and persistence of *Campylobacter* and *Salmonella* species under various organic loads on food contact surfaces". Journal Of Food Protection. **66** (9) : 1587-1594

De Montzey S., Minvielle B., Boulard J., Le Roux A. (2001). "Traitement spécifique des carcasses de porc par double flambage". Document de l'Institut Technique du Porc.

Diarra M. (1993). "Diarrhée aiguë à *Campylobacter* chez les enfants vietnamiens suivis de 0 à 24 mois dans leur milieu naturel : incidence et immunité". Thèse pour le Doctorat en Médecine, Université Bordeaux 2., n°108

Docherty L., Adams M.R., Patel P., McFadden J. (1996) (a). "Detection of *C. jejuni* in milk and poultry using the magnetic immuno-polymerase chain reaction assay". *Campylobacters, Helicobacters, and related organisms.* New-York, Plenum Press

Docherty L., Adams M.R., Patel P., McFadden J. (1996) (b). "The magnetic immuno-polymerase chain reaction assay for the detection of *Campylobacter* in milk and poultry". Letters in Applied Microbiology. **22** : 288-292

Dromigny E., Jouve J.L., Vachin I. (1985). "*Campylobacter* chez le porc d'abattoir : étude du portage intestinal". Revue de Médecine Vétérinaire. **136** (11) : 799-805

Duffy E.A., Belk K.E., Sofos J.N., Bellinger G.R., Pape A., Smith G.C. (2001). "Extent of microbial contamination in United States pork retail products". Journal of Food Protection. **64** (2) : 172-178

Easton J. (1996). "Fate and transport of *Campylobacter* in soil aristing from farming practices". *Campylobacters, Helicobacters, and related organisms.* New-York, Plenum Press

Endtz H.P., Wim Ang C., Van den Braak N., Duim B., Rigter A., Price L.J., Woodward D.L., Rodgers F.G., Johnson W.M., Wagenaar J.A., Jacobs B.C., Verbrugh H.A., Van Belkum A. (2000). "Molecular characterization of *Campylobacter jejuni* from patients with Guillain-Barré and Miller Fisher syndromes". J Clin Microbiol. **38** : 2297-2301

Epling L.K., Carpenter J.A., Blankenship L.C. (1993). "Prevalence of *Campylobacter spp.* and *Salmonella spp* on pork carcasses and the reduction effected by spraying with lactic acid". Journal of Food Protection. **56** (6) : 536-537

Federighi M. (1999). "*Campylobacter* et denrées alimentaires". *Campylobacter* et hygiène des aliments. ISBN 2-84054-061-4, éditions Polytechnica, Paris : 97-124

Finlay R.C., Mann E.D., Horning J.L. (1986). "Prevalence of *Salmonella* and *Campylobacter* contamination in Manitoba swine carcasses". Can. vet. **27** : 185-187

Flynn O.M.J., Blair Ian S., Mcdowell D.A. (1994). "Prevalence of *Campylobacter* species on fresh retail chicken wings in Northern Ireland". Journal of Food Protection. **57** (4) : 334-336

Friedman C.R., Neimann J., Wegener H.C., Tauxe R.V. (2000). "Epidemiology of *Campylobacter jejuni* infections in the United States and other industrialized nations". *Campylobacter.* Nachamkin, Blaser MJ (eds), 2nd edition. ASM press, Washington DC : 121-138

Gallay A., Magraud F., Vaillant V., De Valk H., Desenclos J.C. (2004). "Mise en place d'une surveillance des infections à *Campylobacter* en France". Institut de veille sanitaire.

Gannon V.P.J. (1999). "Control of *Escherichia coli* O157 at slaughter". *Escherichia coli* O157 in Farm Animals. Eds Stewart, C.S. & Flint, H.J.,Wallingford : CAB International : 169-193

Gebhart C.J., Edmonds P., Ward G.E., Kurtz H.J., Brenner D.J. (1985). "*Campylobacter hyointestinalis sp.* nov. : a New Species of *Campylobacter* found in the intestines of pigs and other animals". Journal of Clinical Microbiology. **21** (5) : 715-72O

Genigeorgis C. (1986). "Problems associated with perishable processed meats". Food Technology. **40** (4) : 140-154

Gill C.O., Bryant J. (1993). "The presence of *Escherichia coli, Salmonella* and *Campylobacter* in pig carcass dehairing equipment". Food Microbiology. **10** : 337-344

Grau F.H. (1988). "*Campylobacter jejuni* and *Campylobacter hyointestinalis* in the intestinal tract and on the carcasses of calves and cattle". Journal of food protection. **51** : 857-861

Gun-Munro J., Rennie R.P., Thornley J.H., Richardson H.L., Hodge D., Lynch J. (1987). "Laboratory and clinical evaluation of isolation media for *Campylobacter jejuni*". Journal of Clinical Microbiology. **25**(12): 2274-2277

Harmon K.M., Wesley I.V. (1996). "Identification of *Arcobacter* isolated by PCR". Letters in Applied Microbiology. **23** : 241-244

Harvey R.B., Anderson R.C. (1999). "Prevalence of *Campylobacter, Salmonella*, and *Arcobacter* species at slaughter in market age pigs". Adv. exp. med. biol. **473** : 237-239

Harvey R.B., Young C.R., Anderson R.C., Droleskey R.E., Genovese K.J., Egan L.F., Nisbet D.J. (2000). "Diminution of *Campylobacter* colonization in neonatal pigs reared off-sow". Journal of Food Protection. **63** (10) : 1430-1432

Havelaar A.H, De Wit M.A.S, Van Koningsveld R. (2000). "Health burden in the Netherlands (1990-1995) due to infections with thermophilic *Campylobacter* species". Rijksinstituute voor volksgezondhei. Report n°284550 004

Hiett K.L., Stern N.J., Fedorka-Cray P., Cox N.A., Musgrove M.T., Ladely S. (2002). "Molecular subtype analyses of *Campylobacter spp.*

from Arkansas and California poultry operations". Appl Environ Microbiol.
68 (12) : 6220-6236

Hood A.M., Pearson A.D., Shahamat M. (1988). "The extent of surface
contamination of retailed chickens with *Campylobacter jejuni* serogroups".
Epidem. Inf. **100** : 17-25

Hu L., Kopecko D.J. (1999). "*Campylobacter jejuni* 81-176 associates
with microtubules and dynein during invasion into human intestinal cells".
Infect Immun. **67** : 4171-4182

Hudson W.R., Roberts T.A. (1981). "The occurrence of *Campylobacter*
on commercial red-meat carcasses from one abattoir". International
workshop on *Campylobacter* infections. Univ. of reading, England

Inglis G.D., Kalischuk L.D. (2003). "Use of PCR for direct detection of
Campylobacter species in bovine feces". Appl. Environ. Microbiol. **69** (6) :
3435-3447

Inglis G.D., Kalischuk L.D. (2004). "Direct quantification of
Campylobacter jejuni and *Campylobacter lanienae* in Feces of cattle by
real-time quantitative PCR". Applied and Environmental Microbiology. **70**
(4) : 2296-2306

Institut National de Veille Sanitaire (2004). "Morbidité et mortalité dues
aux maladies infectieuses d'origine alimentaire en France" : 61-70

Izat A.L., Gardner F.A. (1986). "Marketing and products : incidence of
Campylobacter jejuni in processed egg products". Poult. Sci. **67** : 1431-
1435

Jackson C.J., Fox A.J., Jones D.M. (1996). "A novel polymerase chain
reaction assay for the detection and speciation of thermophilic
Campylobacter spp.". Journal of Applied Bacteriology. **81** : 467-473

Johnson W.M., Lior H. (1988). "A new heat-labile cytolethal distending
toxin (CLDT) produced by *Campylobacter spp.*". Microb Pathog. **4** : 115-
126

**Jones F.T., Axtell R.C., Rives D.V., Scheideler S.E., Tarver F.R.,
Walker R.L., Wineland M.J.** (1991). "A survey of *Campylobacter jejuni*

contamination in modern broiler production and processing systems". Journal of Food Protection. **54** (4) : 259-262

Jones K. (2001). "*Campylobacter* in water, sewage and the environment". Journal of Applied Microbiology. **90** : 68S-79S

Kalenic S., Gmajnicki B., Milakovic-Novak L.J., Graberevic A., Skirrow M.B., Vodopija I. (1985). "*Campylobacter coli* – the prevalent *Campylobacter* in the Zagreb area". *Campylobacter* III. Eds Pearson A. D., Skirrow M. B., Lior H., Rowe B. : 262-264

Kapperud G., Skjerve E., Bean H.N., Ostroff M.S., Lassen J. (1992). "Risk factors for sporadic *Campylobacter* infections : Results of a case-control study in Southeastern Norway". Journal of Clinical Microbiology. **30** (12) : 3117-3121

Karlyshev A.V., McCrossan M.V., Wren B.W. (2001). "Demonstration of polysaccharide capsule in *Campylobacter jejuni* using electron microscopy". Infect Immu. **69** : 5921-5924

Karmali M.A., Roscoe M., Fleming P.C. (1986). "Modified ammonia electrode method to investigate D-asparagine breakdown by *Campylobacter* strains". Journal of Clinical Microbiology. **23** (4) : 743-747

Kempf I. (2004). "Evolution de la résistance aux antibiotiques des *Campylobacter* isolés de volailles et de porcs de 1999 à 2002". Société Française de Microbiologie, 6ème congrès national, 10, 11, 12 mai, Bordeaux, France (Communication orale)

Kiggins E.M., Plastridge W.N. (1956). "Effect of gazeous environment on growth and catalase content of *Vibrio fetus* cultures of bovine origin". J. Bact. **72** : 397-400

Klontz K.C., Timbo B., Fein S.B., Levy A. (1995). "Prevalence of selected food consumption and preparation behaviors associated with increased risks of food-borne disease". J. food prot. **58** : 927-930

Koene M.G.J., Houwers D.J., Dijkstra J.R., Duim B., Wagenaar J.A. (2004). "Simultaneous presence of multiple *Campylobacter* species in dogs". Journal of clinical microbiology. **42** (2) : 819-821

Koenraad P.M.F.J., Jacobs-Reitsma W.F., Beumer R.R., Rombouts F.M. (1996). "Short term evidence of *Campylobacter* in a treatment plant and drain water of a connected poultry abattoir". Water environment research. 68 **(2)** : 188-193

Koenraad P.M.F.J., Rombouts F.M., Notermans S.H.W. (1997). "Epidemiological aspects of thermophilic *Campylobacter* in water-related environments : a review". Water environment research. **69** : 52-63

Kollowa C., Kollowa T. (1989). "Vorkommen und Uberlebensverhalten von *Campylobacter jejuni* in Eieinschlagmasse". Monatshefte für Veterinarmedizin. 44 (7) : 236-239

Konkel M.E., Joens L.A., Mixter P.F. (2000). "Molecular characterization of *Campylobacter jejuni* virulence determinants". *Campylobacter.* Nachamkin, I., M.J. Blaser (Eds.), 2nd edition. ASM Press, Washington, D.C, USA : 217-240

Kramer J.M., Frost J.A., Bolton F.J., Wareing D.R.A. (2000). "*Campylobacter* contamination of raw meat and poultry at retail sale : Identification of multiple types and comparison with isolates from human infection". Journal of Food Protection. 63 (12) : 1654-1659

Laisney M.J., Colin P. (1993). "Evaluation du niveau de contamination des carcasses de volailles par *Campylobacter sp.*" Société Française de Microbiologie, colloque du 28-29 Avril

Lam K.M., Damassa A.J., Morishita T.Y., Shivaprasad H.L., Bickford A.A. (1992). "Pathogenicity of *Campylobacter jejuni* for turkeys and chickens". Avian Diseases. **36** : 359-363

Lammerding A.M., Garcia M.M., Mann E.D., Robinson Y., Dorward W.J., Truscott R.B., Tittiger F. (1988). "Prevalence of *Salmonella* and thermophilic *Campylobacter* in fresh pork, beef, veal and poultry in Canada". Journal of Food Protection. 51 (1) : 47-52

Laroche M., Kaiser J., Federighi M., Magras C. (2004). "Survie de *Campylobacter jejuni* et de *Campylobacter coli* sur des échantillons de couenne et de viande de porc stockés à 4°C". Viandes et produits carnés, numéro spécial : 185-186. 10ᵉ Journées "Sciences du muscle et technologie des viandes", 25 et 26 octobre 2004, Rennes, France (Communication orale et écrit)

Leroux E. (2003). "Détermination du rôle de la truie, de l'eau et de l'aliment dans la transmission des *Campylobacter* thermotolérants aux porcelets en maternité". Th. Méd. Vét. Nantes, 82 p.

Lin G., Gebhart C.J., Murtaugh M.P. (1991). "Southern blot analysis of strain variation in *Campylobacter mucosalis*". Veterinary Microbiology. **26** : 279-289

Madden R.H., Moran L., Scates P. (1996). "Frequency of occurrence of *Campylobacter spp.* in meats and their subsequent sub-typing using RAPD and PCR-RFLP". Campylobacter, Helicobacter, and related organisms. New-York, Plenum Press

Madden R.H., Moran L., Scates P. (2000). "Optimising recovery of *Campylobacter spp.* from the lower porcine gastrointestinal tract". J Microbiol Methods. **42** (2) : 115-9

Mafu A.A., Higgins R., Nadeau M., Cousineau G. (1989). "The incidence of *Salmonella, Campylobacter,* and *Yersinia enterocolitica* in swine carcasses and the slaughterhouse environment". Journal of Food Protection. **52** (9) : 642-645

Magras C., Garrec N., Laroche M., Rossero A., Mircovitch C., Desmonts M.H, Federighi M. (2004) (a). "Sources of *Campylobacter spp.* contamination of piglets : first results". International Society for Animal Hygien, France, 11, 12, 13 octobre, St Malo, France (Communication orale et écrit)

Magras C., Laroche M., Rossero A., Mircovitch C., Desmonts M.H, Federighi M. (2004) (b). "Contamination par *Campylobacter coli* en élevage porcin". Société Française de Microbiologie, 6ème congrès national, 10, 11, 12 mai, Bordeaux, France (Poster)

Martinez-Rodriguez A., Kelly A.F., Park S.F., Mackey B.M. (2004). " Emergence of variants with altered survival properties in stationary phase cultures of *C. jejuni*". International Journal of Food Microbiology. **90** : 321-329

Matsusaki S., Kutayama A., Itagari K., Yamagata H., Tanaka K., Yamani T., Uchida W. (1986). "Prevalence of *Campylobacter jejuni* and *Campylobacter coli* among wild and domestic animals in Yamaguchi prefecture". Microbiol. Immunol. **30** (12) : 1317-1322

Mead P.S., Slutsker L., Dietz V., McCaig L.F., Bresee J.S., Shapiro C., Griffin P.M., Tauxe R.V. (1999). "Food-related illness and death in the United States". Emerg Infect Dis. **5** (5) : 607-25

Minet J., Grosbois B., Megraud F. (1988). "*Campylobacter hyointestinalis* : an opportunistic enteropathogen ?" Journal of Clinical Microbiology. **26** : 2659-2660

Minihan D., Whyte P., O'Mahony M., Fanning S., McGill K., Collins J.D. (2004). "*Campylobacter spp.* in irish feedlot cattle : a longitudinal study involving pre-harvest and harvest phases of the food chain". J. Vet. Med. **51** : 28-33

Mircovitch C., Laroche M., Desmonts M-H., Federighi M., Magras C. (2004). "Prévalence de la contamination des carcasses de porcs réfrigérées par *Campylobacter sp.* – premiers résultats". Viandes et produits carnés, numéro spécial : 189-190. 10ᵉ Journées "Sciences du muscle et technologie des viandes", 25 et 26 octobre 2004, Rennes, France

Moore J.E., Madden R.H. (1998). "Occurrence of thermophilic *Campylobacter spp.* in porcine liver in Northern Ireland". Journal of Food Protection. **61** (4) : 409-413

Morgan I.R., Krautil F.L., Craven J.A. (1987). "Bacterial populations on dressed pig carcasses". Epidemiol. infect. **98** : 15-21

Munroe D.L., Prescott J.F. et al. (1983). "*Campylobacter jejuni* and *Campylobacter coli* serotypes isolated from chickens, cattle and pigs". J. clin. microbiol. **18** (4) : 877-881

Nachamkin I., Fischer S.H., Yang X.H., Benitez O., Cravioto A. (1994). "Immunoglobulin A antibodies directed against *Campylobacter jejuni* flagellin present in breast milk". Epidemiol Infect. **112** : 359-365

Nesbakken T., Eckner K., Hoidal H.K., Rotterud O.J. (2003). "Occurrence of *Yersinia enterocolitica* and *Campylobacter spp.* in slaugher pigs and consequences for meat inspection, slaughtering, and dressing procedures". International journal of microbiology. 80 : 231-240

Newell D.G., Fearnley C. (2003). "Sources of *Campylobacter* colonization in broiler chickens". Applied and Environmental Microbiology. 69 (8) : 4343-4351

Ng L-K., Bin Kingombe C.-I., Yan W., Taylor D.E., Hiratsuka K., Malik N., Garcia M-M. (1997). "Specific detection and confirmation of *Campylobacter jejuni* by DNA hybridization and PCR". Applied and Environmental Microbiology. 63 (11) : 4558-4563

Nicholson M.A., Patton C.M. (1993). "Evaluation of commercial antisera for serotyping heat-labile antigens of *Campylobacter jejuni* and *Campylobacter coli*". Journal of Clinical Microbiology. 31 (4) : 900-903

Nielsen B., Wegener H.C. (1997). "Public health and pork products: regional perspectives of Denmark". Revue scientifique et technique de l'Office International des Epizooties. 16 : 513-523

Nylen G., Dunstan F., Palmer S.R., Andersson Y., Bager F., Cowden J., Feierl G., Galloway Y., Kapperud G., Megraud F., Molbak K., Petersen L.R., Ruutu P. (2002). "The seasonal distribution of *Campylobacter* infection in nine European countries and New Zealand". Epidemiology-and-Infection. 128 (3) : 383-390

Ofival (2003). On line : URL : http://www.ofival.fr

Ohlendorf D.S., Murano E.A. (2002). "Prevalence of *Arcobacter spp.* in raw ground pork from several geographical regions according to various isolation methods". Journal of Food Protection. 65 (11) : 1700-1705

Olsen S.J., Hansen G.R., Bartlett L., Fitzgerald C., Sonder A., Manjrekar R., Riggs T., Kim J., Flahart R., Pezzino G., Swerdlow D.L. (2001). "An outbreak of *Campylobacter jejuni* infections associated with food handler contamination : the use of pulsed-field gel electrophoresis". The Journal of Infectious Diseases. 183 (1) : 164-167

On S.L.W., Bloch B., Holmes B., Hoste B., Vandamme P. (1995). "*Campylobacter hyointestinalis subsp. lawsoii*subsp. nov., isolated from the porcine stomach, and an emended description of *Campylobacter* *hyointestinalis*". International Journal of Systematic Bacteriology. **45** (4) : 767-774

On S.L.W. (2001). "Taxonomy of *Campylobacter, Arcobacter, Helicobacter* and related bacteria : current status, future prospects and immediate concerns". Journal of Applied Microbiology. **90** : 1S-15S

Ono K., Masaki H. et al. (1995). "Isolation of *Campylobacter spp.* from slaughtered cattle and swine on blood-free selective medium". J. vet. med. sci. **57** (6) : 1085-1087

Ono K., Yamamoto K. (1999). "Contamination of meat with *Campylobacter jejuni* in Saitama, Japan". Int J Food Microbiol. **47** : 211-219

Oosterom J., Beckerts H., Van Noorle L., Schothorst M. (1980). "Een explosie van *Campylobacter*-infectie in een kaserne, waarschijnlijk veroorzaakt door rauwe tartaar". Ned. T. Geneesk. **124** (39) : 1631-1634

Oosterom J., De Wilde G.J.A. (1983). "*Campylobacter jejuni* during rearing and processing of broiler chickens". 6 ème symposium sur la qualité des viandes de volailles, Ploufragan : 229-245

Oosterom J., De Wilde G.J.A., De Boer E., De Blaauw L.H., Karman H. (1983). "Survival of *Campylobacter jejuni* during poultry processing and pig slaughtering". Journal of food protection. **46** (8) : 702-706

Oosterom J., Dekker R., De Wilde G.J.A., Van Kempende T., Engels G.B. (1985). "Prevalence of *Campylobacter jejuni* and *Salmonella* during pig slaughtering". The Veterinary Quarterly. **7** (1) : 31-34

Oyofo B.A., Thornton S.A., Burr D.H., Trust T.J., Pavlovskis O.R., Guerry P. (1992). "Specific detection of *Campylobacter jejuni* and *Campylobacter coli* by using polymerase chain reaction". Journal of Clinical Microbiology. **30** (10) : 2613-2619

Park R.W.A., Griffiths P.L., Moreno G.S. (1991). "Sources and survival of *Campylobacter* : relevance to enteritis and the food industry". Journal of Applied Bacteriology Symposium Supplement. **70** : 97S-106S

Park S.F. (2002). "The physiology of *Campylobacter* species and its relevance to their role as foodborne pathogen". International Journal of Food Microbiology. **74** : 177-188

Patton C.M., Mitchell S.W., Potter M.E., Kaufmann A.F. (1981). "Comparison of selective media for primary isolation of *Campylobacter fetus subsp. jejuni*". J. clin. microbiol. **13** : 326-330

Payot S., Avrain L., Magras C., Praud K., Cloeckaert A., Chaslus-Dancla E. (2004) (a). "Relative contribution of target gene mutation and efflux to fluoroquinolone and erythromycin resistance, in French poultry and pig isolates of *Campylobacter coli*". International Journal of Antimicrobial Agents. **23** (5) : 468-472

Payot S., Dridi S., Laroche M., Federighi M., Magras C. (2004) (b). "Prevalence and antimicrobial resistance of *Campylobacter coli* isolated from fattening pigs in France". Veterinary Microbiology. **101** : 91-99

Pearce R.A., Wallace F.M., Call J.E., Dudley R.L., Oser A., Yoder L., Sheridan J.J., Luchansky J.B. (2003). "Prevalence of *Campylobacter* within a swine slaughter and processing facility". Journal Of Food Protection. **66** (9) : 1550-1556

Pearson A.D., Greenwood M.H., Healing T.D., Rollins D., Shahamat M., Donaldson J., Colwell R.R. (1993). "Colonization of broiler chickens by waterborne *Campylobacter jejuni*". Applied and Environmental microbiology. **59** (4) : 987-996

Pezzotti G., Serafin A., Luzzi I., Mioni R., Milan M., Perin R. (2003). "Occurrence and resistance to antibiotics of *Campylobacter jejuni* and *Campylobacter coli* in animals and meat in northeastern Italy". International Journal of Food Microbiology. **82** (3) : 281-7

Pilet M.F., Magras C., Cappelier J.M., Federighi M. (1997). "La recherche des *Campylobacter* thermotolérants dans les aliments : méthode de référence et méthodes alternatives". Revue Médicale Vétérinaire. **148** (2) : 99-106

Règlement (CE) N° 2160/2003 du parlement européen et du conseil du 17 novembre 2003, sur "le contrôle des salmonelles et d'autres agents zoonotiques spécifiques présents dans la chaîne alimentaire". Journal officiel de l'Union européenne. 12/12/2003 L 325/1

Rivas T., Vizcaino J.A., Herrera F.J. (2000). "Microbial contamination of carcasses and equipment from an iberian pig slaughterhouse". Journal of food protection. **63** (12) : 1670-1675

Rosef O., Gondrosen B., Kapperud G., Underdal B. (1983). "Isolation and characterisation of *Campylobacter jejuni* and *Campylobacter coli* from domestic and wild mammals in Norway". Applied and Environmental Microbiology. **46** (4) : 855-859

Rosef O., Gondrosen B., Kapperud G. (1984). "*Campylobacter jejuni* and *Campylobacter coli* as surface contaminants of fresh and frozen poultry carcasses". International Journal of Food Microbiology. **1** : 205-215

Rossel R. (2003). "*Listeria monocytogenes* en abattage et découpe de porcs : contrôle de la contamination environnementale des frigos de ressuage et salles de découpe". Th. Méd. Vét. Toulouse, 102 p.

Rossero A., Koffi N'G., Pilet M.F., Jugiau F., Federighi M., Magras C. (1999). "Evaluation du portage gastrique en *Campylobacter sp.* des porcs charcutiers à l'abattoir". Journées Rech. Porcine en France. **31** : 391-394

Rudi K., Hoidal, H.K., Katla T., Johansen B.K., Nordal J., Jakobsen K.S. (2004). "Direct real-time PCR quantification of *Campylobacter jejuni* in chicken fecal and cecal samples by integrated cell concentration and DNA purification". Appl Environ Microbiol. **70** (2) : 790-7

Salazar-Lindo E., Sack R.B., Chea-Woo E., Kay B.A., Piscoya Z.A., Leon-Barua R., August Y. (1986). "Early treatment with erythromycin of *Campylobacter jejuni* associated dysentery in children". J Pediatr. **109** : 355-360

Savill M.G., Hudson J.A., Ball A., Klena J.D., Scholes P., Whyte R.J., McCormick R.E., Jankovic D. (2001). "Enumeration of *Campylobacter* in New Zealand recreational and drinking waters". Journal of Applied Microbiology. **91** : 38-46

Schaffter N., Parriaux (2002). "A Pathogenic-bacterial water contamination in mountainous catchments". Water Res. **36** : 131-139

Sebald M., Véron M. (1963). "Teneur en bases de l'ADN et classification des vibrions". <u>Ann Inst Pasteur.</u> **105** : 897-910

Skirrow, M.B. (1977). "*Campylobacter enteritis* a "new disease"". <u>British Medical Journal.</u> **2** : 9-11

Skirrow M.B. (1990). "Foodborne illness : *Campylobacter*". <u>The Lancet.</u> **336** : 921-923

Skirrow M.B., Blaser M.J. (1995). "*Campylobacter jejuni*". <u>Infections of the gastrointestinal tract.</u> Blaser M. J., Smith P. D., Ravdin J. I., Greenberg H. B., Guerrant R. L. (ed.), Raven press, New York : 825-848

Skirrow M.B. (1998). "Campylobacteriosis". In : Palmer S.R., Lord Soulsby S.R., Simpson D.I.H. (Eds.), Zoonoses. Oxford Medical Publications. Oxford Univ. Press, Nex York : 37-46

Smith T., Taylor M.S. (1919). "Some morphological and biological character of the spirilla (*Vibrio fetus N.sp*) associated with disease of the foetal membrane in cattle". <u>J exp Med.</u> **30** : 299-311

Solow B.T., Cloak O.M., Fratamico P.M. (2003). "Effect of temperature on viability of *Campylobacter jejuni* and *Campylobacter coli* on raw chicken or pork skin". <u>Journal of Food Protection.</u> **66** (11) : 2023-2031

Sorensen R., Christensen H. (1997). "*Campylobacter* i svinekod - et problem? [Campylobacter in pork - a problem?]". <u>Dansk-Veterinaertidsskrift.</u> **80** (10) : 452-453

Sorvillo F.J., Lieb L.E., Waterman S.H. (1991). "Incidence of Campylobacteriosis among patients with AIDS in Los Angeles County". <u>J Acquire Immun Defic Syndr.</u> **4** : 598-602

Stanley K., Jones K. (2003). "Cattle and sheep farms as reservoirs of *Campylobacter*". <u>J Appl Microbiol.</u> **94** : 104-113

Stern N.J., Hernandez M.P., Blakenship L., Deibel K.E., Doores S., Doyle M.P., Ng H., Pierson M.D., Sofos J.N., Sveum W.H., Westhoff D.C. (1985). "Prevalence and distribution of *Campylobacter jejuni* and

Campylobacter coli in retail meats". Journal of Food Protection. **48** (7) : 595-599

Stern N.J., Clavero M.R.S., Bailey J.S., Cox N.A., Robach M.C. (1995). "*Campylobacter spp.* in broilers on the farm and after transport". Poult Sci. **74** : 937-941

Stern N.J., Fedorka-Cray P., Bailey J.S., Cox N.A., Craven S.E., Hiett K.L., Musgrove M.T., Ladely S., Cosby D., Mead G.C. (2001). "Distribution of *Campylobacter spp.* in selected US poultry production and processing operations". Journal of Food Protection. **64** (11) : 1705-1710

Stern N.J., Robach M.C., Cox N.A., Musgrove M.T. (2002). "Effect of drinking water chlorination on *Campylobacter spp.* colonization of broilers". Avian Dis. **46** (2) : 401-407

Sticht-Groh V. (1982). "*Campylobacter* in healthy slaughter pigs : a possible source of infection for man". The Veterinary Record. **110** : 104-106

Straw B.E. (1990). "Effect of *Campylobacter spp.* –induced enteritis on growth rate and feed efficiency in pigs". J. Am. Vet. med. assoc. **197** (3) : 355-357

Takkinen J., Ammon A., Robstad O., Breuer T. et le groupe de travail sur *Campylobacter* (2003). "Etude européenne sur la surveillance et le diagnostic de *Campylobacter*, 2001". Eurosurveillance. **11** (8) : 207-213

Tauxe R.V., Deming M.S., Blake P.A. (1985). "*Campylobacter jejuni* infections on college campuses : a national survey". American Journal of Public Health. **75** (6) : 659-660

Taylor D.J., Al Mashat R.R. (1985). "Enteric infections with catalase posive *Campylobacter* in cattle, sheep and pigs". In Butzler (ed.) : *Campylobacter* infection in man and animals : 193-206

Taylor D.N., Nachamkin I., Blaser M.J., Tompkins L.S. (1992). "*Campylobacter* infections in developing countries". *Campylobacter jejuni* Current Status and Future Trends. I. Nachamkin, M. J. Blaser and L. S. Tompkins. Washington, American Society for Microbiology : 20-30

Thomas C., Hill D.J., Mabey M. (1999). "Morphological changes of synchronized *Campylobacter jejuni* populations during growth in single phase liquid culture". Letters in Applied Microbiology. **28** : 194-198

Thompson L.M., Smibert R.M., Jonson J.L., Krieg N.R. (1988). "Phylogenetic study of the genus *Campylobacter*". International Journal of Systematic Bacteriology. **38** (2) : 190-200

Todd E.C.D. (1995). "Costs of foodborne disease and their potential use in risk assessments". Quatrième conférence internationale ASEPT Sécurité Alimentaire 96, juin 1996, Laval, France

Totten P.A., Patton C.M. (1987). "Prevalence and characterization of hippurate-negative *Campylobacter jejuni* in King county, Washington". Journal of Clinical Microbiology. **25** (9) : 1747-1752

Van de Giessen A.W., Tilburg J.J., Ritmeester W.S., Van der Plas J. (1998). "Reduction of *Campylobacter* infections in broiler flocks by application of hygiene measures". Epidemiol Infect. **121** (1) : 57-66

Vandamme P., Falsen E., Rossau R., Hoste B., Segers P., Tytgat R., De Ley J. (1991). "Revision of *Campylobacter, Helicobacter*, and *Wolinella* taxonomy : emendation of generic descriptions and proposal of Arcobacter gen.nov". International Journal of Systematic Bacteriology. **41** (1) : 88-103

Vellinga A., Van Loock F. (2002). "The dioxin crisis as experiment to determine poultry-related *Campylobacter* enteritis". Emerg Infect Dis. **8** : 19-22

Veron M. (1989) "*Campylobacter* : une bactérie moderne ?" Médecine et Maladies Infectieuses. **19** (3) : 6-11

Vriesendorp F.J., Mishu B., Blaser M., Koski C.L. (1993). "Serum antibodies to GM1, peripheral nerve myelin, and *Campylobacter jejuni* in patients with Guillain-Barré syndrome and controls : correlation and prognosis". Ann Neurol. **34** : 130-135

Waage A.S., Vardund T., Lund V., Kapperud G. (1999). "Detection of small numbers of *Campylobacter jejuni* and *Campylobacter coli* cells in environmental water, sewage, and food samples by a seminested PCR assay". Applied and Environmental Microbiology. **65** (4) : 1636-1643

Wassenaar T.M., Newell D.G. (2000). "Genotyping of *Campylobacter spp.*". Appl. environ. microbiol. **66** (1) : 1-9

Weber P., Laudrat P., Dye D. (2003). "Bactéries entéropathogènes isolées des coprocultures en médecine de ville : enquête EPICOP. Réseau Epiville. 1999 –2000". Bull Epidemiol Hebd. **8** : 45-46

Wegmüller B., Luthy J., Candrian U. (1993). "Direct polymerase chain reaction detection of *Campylobacter jejuni* and *Campylobacter coli* in raw milk and dairy products". Applied and Environmental Microbiology. **59** (7) : 2161-2165

Weijtens M.J.B.M., Bijker P.G.H, Van der Plas J., Urlings H.A.P., Biesheuvel M.H. (1993). "Prevalence of *Campylobacter* pigs during fattening ; an epidemiological study". The Veterinary Quaterly. **15** (4) : 138-143

Weijtens M.J.B.M., Van der Plas J., Bijker P.G.H., Urlings B.A.P., Koster D., Van Logtestijn J.G., Huis in't Veld J.H.J. (1997). "The transmission of *Campylobacter* in piggeries ; an epidemiological study". Journal of Applied Microbiology. **83** : 693-698

Weijtens M.J.B.M., Reinders R.D., Urlings H.A.P., Van der Plas J. (1999). "*Campylobacter* infections in fattening pigs ; excretion pattern and genetic diversity". Journal of Applied Microbiology. **86** : 63-70

Wheeler J.G., Sethi D., Cowden J.M., Wall P.G., Rodrigues L.C., Tomkins D.S., Hudson J., Roderick P.J. (1999). "Study of infectious intestinal disease in England, rates in the community, presenting to General Practice and reported to national surveillance". BMJ. **318** : 1046–1050

Whitehouse C.A., Balbo P.B., Pesci E.C., Cottle D.L., Mirabito P.M., Pickett C.L. (1998). "*Campylobacter jejuni* Cytolethal Distending Toxin Causes a G_2-Phase Cell Cycle Block". Infection and Immunity. **66** (5) : 1934-1940

Whyte P., Collins J.D., McGill K., Monahan C., O'Mahony H. (2001). "The effect of transportation stress on excretion rates of *Campylobacter* in market-age broilers". Poult Sci. **80** (6) : 817-820

Whyte P., Mc Gill K., Cowley D. Caroll C., Doolan I., O'Leary A., Casey E., Collins J.D. (2003). "A comparison of two culture media for the recovery of thermophilic *Campylobacter* in broilers farm samples". Journal of microbiological methods. **54** : 367-371

Winquist A.G., Roome A., Mshar R., Fiorentino T., Mshar P., Hadler J. (2001). "Outbreak of Campylobacteriosis at a senior center". J Am Geriatr Soc. **49** : 304-307

Young C.R., Harvey R., Anderson R., Nisbet D., Stanker L.H. (2000). "Enteric colonisation following natural exposure to *Campylobacter* in pigs". Res Vet Sci. **68** (1) : 75-8

Yuki N., Takahashi M., Tagawa Y., Kashiwase K., Tadokoro K., Saito K. (1997). "Association of *Campylobacter jejuni* serotype and antiganglioside antibody in Guillain-Barré syndrome and Fisher's syndrome". Ann Neurol. **42** : 28-33

BIBLIOGRAPHIE COMPLEMENTAIRE

Allos B.M. (1997). "Association between *Campylobacter* Infection and Guillain-Barré Syndrome". The Journal of Infectious Diseases. **176** (Suppl 2) : S125-128

Bang D.D., Nielsen E.M., Scheutz F., Pedersen K., Handberg K., Madsen M. (2003). "PCR detection of seven virulence and toxin genes of *Campylobacter jejuni* and *Campylobacter coli* isolates from Danish pigs and cattle and cytolethal distending toxin production of the isolates". J Appl Microbiol. **94** (6) : 1003-1014

Bereswill S., Kist M. (2002). "Molecular microbiology and pathogenesis of *Helicobacter* updated : a meeting report of the 11th conference on *Campylobacter, Helicobacter* and related organisms". Molecular Microbiology. **45** (1) : 255-262

Bolton F.J., Sails A.D., Fox A.J., Wareing D.R., Greenway D.L. (2002). "Detection of *Campylobacter jejuni* and *Campylobacter coli* in foods by enrichment culture and polymerase chain reaction enzyme-linked immunosorbent assay". J Food Prot. **65** (5) : 760-767

Bostan K. (2001). "Effects of cooking and cold storage on the survival of *Campylobacter jejuni* in meatballs". Archiv für Lebensmittelhygiene. **52** : 25-48

Chang V.P., Mills E.W., Cutter C.N. (2003). "Comparison of recovery methods for freeze-injured *Listeria monocytogenes*, *Salmonella Typhimurium*, and *Campylobacter coli* in cell suspensions and associated with pork surfaces". Journal of Food Protection. **66** (5) : 798-803

Chang V.P., Mills E.W., Cutter C.N. (2003). " Reduction of bacteria on pork carcasses associated with chilling method". Journal of Food Protection. **66** (6) : 1019-1024

Chantarapanont W., Berrang M., Frank J.F. (2003). "Direct microscopic observation and viability determination of *Campylobacter jejuni* on chicken skin". Journal of Food Protection. **66** (12) : 2222-2230

Chaveerach P., Huurne A.A.H.M., Lipman L.J.A., Van Knapen F. (2003). "Survival and resuscitation of ten strains of *Campylobacter jejuni* and *Campylobacter coli* under acid conditions". Appl. Environ. Microbiol. **69** (1) : 711-714

Cloak O.M., Fratamico P.M. (2002). "A multiplex polymerase chain reaction for the differentiation of *Campylobacter jejuni* and *Campylobacter coli* from a swine processing facility and characterization of isolates by pulsed-field gel electrophoresis and antibiotic resistance profiles". Journal of Food Protection. **65** (2) : 266-273

Cox N.A., Stern N.J., Hiett K.L., Berrang M.E. (2002). "Identification of a new source of *Campylobacter* contamination in poultry : transmission from breeder hens to broiler chickens". Avian Dis. **46** (3) : 535-541

Dorrell N., Mangan J.A., Laing K.G., Hinds J., Linton D., Al-Ghusein H., Barrell B.G., Parkhill J., Stoker N.G., Karlyshev A.V., Butcher P.D., Wren B.W. (2001). "Whole Genome Comparison of *Campylobacter jejuni* Human Isolates Using a Low-Cost Microarray Reveals Extensive Genetic Diversity". Genome Res. **11** (10) : 1706-1715

Dunbar Sherry A., Vander Zee C.A., Oliver K.G., Karem K.L., Jacobson J.W. (2003). "Quantitative, multiplexed detection of bacterial pathogens : DNA and protein applications of the Luminex LabMAP™ system". Journal of Microbiological Methods. **53** : 245-252

Federighi M., Magras C., Pilet M.F., Cappelier J.M. (1996). "Les *Campylobacter* thermotolérants et les viandes rouges". Viandes et Produits Carnés. **17** (6) : 283-285

Federighi M., Tholozan J.L., Cappelier J.M., Tissier J.P., Jouve J.L. (1998). "Evidence of non coccoid Viable but Non-Culturable cells of *Campylobacter jejuni* cells in microcosm water by direct viable count, double staining CTC-DAPI, and scanning electron microscopy". Food Microbiology. **16** (4) : in press

Fernandez H., Pison V. (1996). "Isolation of thermotolerant species of *Campylobacter* from commercial chicken livers". International Journal of Food Microbiology. **29** : 75-80

Giesendorf B.A.J., Quint W.G.V., Henkens M.H.C., Stegeman H., Huf F.A., Niesters H.G.M. (1992). "Rapid and Sensitive Detection of *Campylobacter spp.* in chicken products by using the polymerase chain reaction". Applied and Environmental Microbiology. **58** (12) : 3804-3808

Hänninen M.L., Haajanen H., Pummi T., Wermundsen K., Katila M.L., Sarkkinen H., Miettinen I., Rautelin H. (2003). "Detection and Typing of *Campylobacter jejuni* and *Campylobacter coli* and Analysis of Indicator Organisms in Three Waterborne Outbreaks in Finland". Appl. Environ. Microbiol. **69** (3) : 1391-1396

Hong Y., Mark E., Berrang, Tongrui Liu, Charles L., Hofacre, Sanchez S., Wang L., Maurer J. J. (2003). "Rapid detection of *Campylobacter coli*, *C. jejuni*, and *Salmonella enterica* on poultry carcasses by using PCR-Enzyme-Linked Immunosorbent assay applied". Appl. environmental Microbiology. **69** (6) : 3492-3499

Ishikawa T., Mizunoe Y., Kawabata S., Takade A., Harada M., Wai S.N., Yoshida S. (2003). "The iron-binding protein Dps confers hydrogen peroxide stress resistance to *Campylobacter jejuni*". J Bacteriol. **185** (3) : 1010-1017

Li Y., Yang H., Swem B.L. (2002). "Effect of high temperature inside outside spray on survival of *Campylobacter jejuni* attached to prechill chicken carcasses". Poultry Science. **81** : 1371-1377

Lund M., Wedderkopp A., Waino M., Nordentoft S., Bang D.D., Pedersen K., Madsen M. (2003). "Evaluation of PCR for detection of *Campylobacter* in a national broiler surveillance programme in Denmark". J Appl Microbiol. **94** (5) : 929-935

Miller M.F., Carr M.A., Bawcom D.B., Ramsey C.B., Thompson L.D. (1997). "Microbiology of pork carcasses from pigs with differing origins and feed withdrawal times". Journal of Food Protection. **60** (3) : 242-245

Miwa N., Takegahara Y., Terai K., Kato H., Takeuchi T. (2003). "*Campylobacter jejuni* contamination on broiler carcasses of *C. jejuni*-negative flocks during processing in a Japanese slaughterhouse". International Journal of Food Microbiology. **84** : 105-109

Moore J.E., Wilson T.S., Wareing D.R.A., Humphrey T.J., Murphy P.G. (2002). "Prevalence of thermophilic *Campylobacter spp.* in ready-to-eat foods and raw poultry in northern Ireland". Journal of Food Protection. **65** (8) : 1326-1328

Musgrove M.T., Cox N.A., Berrang M.E., Harrison M.A. (2003). "Comparison of weep and carcass rinses for recovery of *Campylobacter* from retail broiler carcasses". Journal Of Food Protection. **66** (9) : 1720-1723

Nadeau E., Messier S., Quessy S. (2002). "Prevalence and comparison of genetic profiles of *Campylobacter* strains isolated from poultry and sporadic cases of campylobacteriosis in humans". Journal of Food Protection. **65** (1) : 73-78

Newell D.G. (1997). "*Campylobacter, Helicobacter* and related organisms - Disease associations in pigs". The Pig Journal - Proceedings Section. : 63-73

Padungtod P., Kaneene J.B., Wilson D.L., Bell J., Linz J.E. (2003). "Determination of ciprofloxacin and nalidixic acid resistance in *Campylobacter jejuni* with a fluorogenic polymerase chain reaction assay". Journal Of Food Protection. **66** (2) : 319-23

Parkill J., Wren B.W., Mungall K., Ketley J.M., Churcher C., Basham D., Chillingworth T., Davies R.M., Feltwell T., Holroyd S. (2000). "The genome sequence of the food-borne pathogen *Campylobacter jejuni* reveals hypervariable sequences". Nature. **403** : 665-668

Ringoir D.D., Korolik V. (2003). "Colonisation phenotype and colonisation potential differences in *Campylobacter jejuni* strains in chickens before and after passage in vivo". Veterinary Microbiology. **92** : 225-235

Riva, T., Vizcaino J.A., Herrera F.J. (2000). "Microbial contamination of carcasses and equipment from an iberian pig slaughterhouse". Journal of Food Protection. **63** (12) : 1670-1675

Sails A.D., Fox A.J., Bolton F.J., Wareing D.R., Greenway D.L. (2003). "A Real-Time PCR Assay for the Detection of *Campylobacter jejuni* in Foods after Enrichment Culture". Appl. Environ. Microbiol. **69** (3) : 1383-1390

Sanchez M. X., Fluckey W. M., Brashears M. M., McKee S. R. (2002). "Microbial profile and antibiotic susceptibility of *Campylobacter spp.* and

Salmonella spp. in broilers processed in air-chilled and immersion-chilled environments". Journal of Food Protection. **65** (6) : 948-956

Scates P., Moran L., Madden R.H. (2003). "Effect of Incubation Temperature on Isolation of *Campylobacter jejuni* Genotypes from Foodstuffs Enriched in Preston Broth". Appl. Environ. Microbiol. **69** (8) : 4658-4661

Sierra M-L., Gonzalez-Fandos E., Garcia-lopez M-L., Garcia-Fernanadez C.M., Prieto M. (1995). "Prevalence of *Salmonella, Yersinia, Aeromonas, Campylobacter*, and cold-growing *Escherichia coli* on freshly dressed lamb carcasses". Journal of Food Protection. **58** (11) : 1183-1185

Slavik M.F., Kim J.W., Walker J.T. (1995). "Reduction of *Salmonella* and *Campylobacter* on chicken carcasses by changing scalding temperature". Journal of Food Protection. **58** (6) : 689-691

Smith J.L. (2002). "*Campylobacter jejuni* infection during pregnancy : long-term consequences of associated bacteremia, Guillain-Barré Syndrome, and reactive arthritis". Journal of Food Protection. **65** (4) : 696-708

Steele M., McNab B., Fruhner L., DeGrandis S., Woodward D., Odumeru J.A. (1998). "Epidemiological typing of *Campylobacter* isolates from meat processing plants by pulsed-field gel electrophoresis, fatty acid profile typing, serotyping, and biotyping". Applied and Environmental Microbiology. **64** (7) : 2346-2349

Stern N.J., Robach M.C. (2003). "Enumeration of *Campylobacter spp.* in broiler feces and in corresponding processed carcasses". Journal of Food Protection. **66** (9) : 1557-1563

Stintzi A. (2003). "Gene expression profile of *Campylobacter jejuni* in response to growth temperature variation". J. Bacteriol. **185** (6) : 2009-2016

Tokumaru M., Konuma H., Umesako M., Konno S., Shinagawa K. (1990). "Rates of detection of *Salmonella* and *Campylobacter* in meats in response to the sample size and the infection level of each species". International Journal of Food Microbiology. **13** : 41-46

Wareing D.R., Ure R., Colles F.M., Bolton F.J., Fox A.J., Maiden M.C.J., Dingle K.E. (2003). "Reference isolates for the clonal complexes of *Campylobacter jejuni*". Lett Appl Microbiol. **36** (2) : 106-110

Watabe M., Rao J.R., Stewart T.A., Xu J., Millar B.C., Xiao L., Lowery C.J., Dooley J.S.G. (2003). "Prevalence of bacterial faecal pathogens in separated and unseparated stored pig slurry". Letters in Applied Microbiology. **36** : 208-212

Wedderkopp A., Waino M., Nordentoft S., Bang D.D., Pedersen K., Madsen M. (2003). "Evaluation of PCR for detection of *Campylobacter* in a national broiler surveillance programme in Denmark". J Appl Microbiol. **94** (5) : 929-935

Weijtens M.J.B.M., Urlings H.A.P., Van Der Plas J. (2000). "Establishing a *Campylobacter*-free population through a top-down approach". Letters in Applied Microbiology. **30** : 479-484

Yang H., Li Y.B., Johnson M.G. (2001). "Survival and death of *Salmonella Typhimurium* and *Campylobacter jejuni* in processing water and on chicken skin during poultry scalding and chilling". Journal of Food Protection. **64** (6) : 770-776

Zhao T., Ezeike G.O.I., Doyle M.P., Hung Y-C., Howell R.S. (2003). "Reduction of *Campylobacter jejuni* on poultry by low-temperature treatment". Journal of Food Protection. **66** (4) : 652-655

ANNEXES

Annexe I : Compositions des géloses Butzler et Karmali utilisées dans la détection des *Campylobacter* thermotolérants

	Gélose Butzler	Gélose Karmali
Milieu de base	Peptone......................23 g Amidon...........................1 g Chlorure de sodium..............1 g Agar-Agar.....................10 g Eau.....................1000 mL	Peptone......................23 g Charbon........................4 g Hématine....................0,032 g Chlorure de sodium.............5 g Agar-Agar......................10 g Eau.....................10 000 mL
Solution d'antibiotiques	Bacitracine..........25 000 U.I Cycloheximid..............50 mg Colistine...............10 000 U.I Céfazoline..................15 mg Novobiocine.................5 mg Eau...............................6 mL	Pyruvate de sodium.............2 g Vancomycine..................0,4 g Céfopérazone................0,64 g Cycloheximide..................2 g Ethanol à 95 p.100..........50 mL
Milieu complet	Milieu de base...........940 mL Sang de cheval lysé........50 mL Solutions d'antibiotiques...6 mL	Milieu de base..............990 mL Solutions d'antibiotique....10 mL

132

Annexe II : Composition du bouillon Preston utilisé dans la détection des
Campylobacter **thermotolérants**

Milieu de base	Extrait de viande............................10 g Peptone...10 g Chlorure de sodium............................5 g Agar-agar.......................................1 g Eau...1000 mL
Solution d'antibiotiques	Polymyxine B............................2500 U.I Rifampicine.................................5 mg Triméthoprime...............................5 mg Cycloheximide................................50 mg
Milieu complet utilisé	Milieu de base............................472 mL Sang de cheval lysé stérile...............26 mL Solution d'antibiotiques...................2 mL

Prévalence et niveau de contamination en *Campylobacter* thermotolérants des porcs et de leur carcasse à l'abattoir

RESUME : Les *Campylobacter* thermotolérants constituent l'une des causes les plus fréquentes de gastro-entérites bactériennes alimentaires dans les pays industrialisés et sont très répandus dans les denrées alimentaires d'origine animale. Ainsi, les porcs sont connus pour être largement contaminés en élevage, mais peu de données existent sur le statut de leur carcasse. Notre objectif a été d'évaluer la prévalence en *Campylobacter* thermotolérants du portage intestinal des porcs à l'arrivée à l'abattoir, et de leur carcasse avant l'entrée en ressuage, et de quantifier cette contamination. Nous avons effectué 250 prélèvements de matières fécales et 500 prélèvements de carcasses dans cinq abattoirs et utilisé les méthodes d'analyses bactériologiques et moléculaires appropriées. 80 à 100 % des porcs prélevés étaient porteurs, à de forts niveaux de contamination (en moyenne, 43 000 CFU/g de matières fécales). Les 50 élevages étaient contaminés à des taux similaires. 15 à 23 % des carcasses étaient contaminées avec de faibles niveaux de contamination (2,3 CFU/cm^2 en moyenne). Tous les prélèvements positifs étaient contaminés par *Campylobacter coli*. La contamination des carcasses de porcs, sans être négligeable, reste limitée. Sa relative faible fréquence apparaît liée à la maîtrise des contaminations fécales lors du procédé d'abattage.

SUMMARY : Thermotolerant *Campylobacter* are one of the most frequent cause of bacterial acute gastro-enteritis induced by food in industrialized countries and are widespread in food animals. Porks are known to be largely contaminated in the farms, but few data exist about the status of the porcine foodchain. Our aim was to estimate the prevalence of intestinal carriage of thermotolerant *Campylobacter* in pigs on their arrival at the slaughterhouse and of their carcasses before chilling ; we had also to quantify this contamination.
250 rectal samples and 500 carcass samples were collected among five slaughterhouses, and were analyzed with appropriate bacteriological and molecular methods. 80 to 100 % of the sampled pigs were infected with high level of contamination (43 000 CFU/g of faeces on an average). All the breedings (50) were infected with similar rates. 15 to 23 % of the carcasses were contaminated with low levels of contamination (2.3 CFU/cm^2 faeces on an average). All positive samples were contaminated with *C. coli*. The carcass contamination exists but is not very high. It seems to depend on the mastery of fecal contaminations during the process.

MOTS CLES : *Campylobacter,* Porc, Abattoir, Carcasse, Comptage, Fécès, Contamination

JURY :
Président : M. DRUGEON, Professeur de Bactériologie à la Faculté de Médecine de Nantes
Rapporteur : Mme MAGRAS, Maître de conférences en Hygiène et Qualité des Aliments à l'Ecole Nationale Vétérinaire de Nantes
Assesseur : Mme BELLOC, Maître de conférences en Médecine des Animaux d'Elevage à l'Ecole Nationale Vétérinaire de Nantes
Invité : M. Laroche, Chargé de recherche, UMR-INRA 1014 SECALIM, Ecole Nationale Vétérinaire de Nantes

ADRESSE DE L'AUTEUR : 9 rue Frederic Kühlmann, 44 100 NANTES

MoreBooks!
publishing

Oui, je veux morebooks!

i want morebooks!

Buy your books fast and straightforward online - at one of world's fastest growing online book stores! Environmentally sound due to Print-on-Demand technologies.

Buy your books online at

www.get-morebooks.com

Achetez vos livres en ligne, vite et bien, sur l'une des librairies en ligne les plus performantes au monde!
En protégeant nos ressources et notre environnement grâce à l'impression à la demande.

La librairie en ligne pour acheter plus vite

www.morebooks.fr

VDM Verlagsservicegesellschaft mbH
Heinrich-Böcking-Str. 6-8   Telefon: +49 681 3720 174   info@vdm-vsg.de
D - 66121 Saarbrücken   Telefax: +49 681 3720 1749   www.vdm-vsg.de

MIX
Papier | Fördert
gute Waldnutzung

FSC® C083411

Zeitfracht Medien GmbH
Ferdinand-Jühlke-Straße 7
99095 Erfurt, Deutschland
produktsicherheit@kolibri360.de

Druck:
CPI Druckdienstleistungen GmbH
im Auftrag der
Zeitfracht Medien GmbH
Ein Unternehmen der Zeitfracht - Gruppe
Ferdinand-Jühlke-Str. 7
99095 Erfurt